本书获华东交通大学教材（专著）基金资助项目、华东交通大学
江西省杰出人才计划项目、江西省杰出青年科学基金项目、江西

高分子材料科学与工程基础概论

万迪庆　刘雅娟 ◎ 编

吉林大学出版社
·长　春·

图书在版编目（CIP）数据

高分子材料科学与工程基础概论/万迪庆，刘雅娟编. -- 长春：吉林大学出版社，2024.11. -- ISBN 978-7-5768-4178-7

Ⅰ．TB324

中国国家版本馆 CIP 数据核字第 2024T5G549 号

书　　名：	高分子材料科学与工程基础概论
	GAOFENZI CAILIAO KEXUE YU GONGCHENG JICHU GAILUN
作　　者：	万迪庆　刘雅娟
策划编辑：	卢　婵
责任编辑：	卢　婵
责任校对：	陈　曦
装帧设计：	叶扬扬
出版发行：	吉林大学出版社
社　　址：	长春市人民大街 4059 号
邮政编码：	130021
发行电话：	0431-89580036/58
网　　址：	http://www.jlup.com.cn
电子邮箱：	jldxcbs@sina.com
印　　刷：	武汉鑫佳捷印务有限公司
开　　本：	787mm×1092mm　　1/16
印　　张：	14.5
字　　数：	210 千字
版　　次：	2024 年 11 月　第 1 版
印　　次：	2024 年 11 月　第 1 次
书　　号：	ISBN 978-7-5768-4178-7
定　　价：	80.00 元

版权所有　翻印必究

前　言

在当今科技日新月异的时代，高分子材料作为现代工业与科技进步的重要基石，正以其独特的性能和广泛的应用，影响着我们的生活和社会发展。从日常使用的塑料制品、纤维衣物，到尖端的航空航天材料、生物医学应用，高分子材料都扮演着不可或缺的角色。随着科技的不断进步和高分子材料应用领域的不断拓展，高分子材料科学、工程领域的研究、发展也愈发显得重要。

《高分子材料科学与工程基础概论》一书，旨在为读者提供一个全面、系统且深入的学习平台，以帮助大家掌握高分子材料科学、工程领域的基础知识及核心技能。本书融合了高分子化学、高分子物理、高分子加工与成型等多个学科的内容，力求构建一个完整的高分子材料知识体系，使读者能够从多个角度全面理解高分子材料的本质和特性。

在编写过程中，我们注重理论与实践的结合，既详细阐述了高分子材料的基本原理与科学内涵,包括其分子结构、合成方法、性能表征等,又介绍了最新的研究成果与工程应用技术。

此外,本书还特别强调了创新思维与工程伦理的培养。在介绍高分子材料科学与工程的基础知识的同时,我们也鼓励读者勇于探索未知,关注高分子材料在可持续发展、环境保护等方面的社会责任与挑战。我们希望读者能够在学习过程中,不断培养自己的创新思维和解决问题的能力,同时也能够注重工程伦理,关注高分子材料的应用对社会和环境的影响。

值得一提的是,本书在编写过程中还充分考虑了读者的学习需求和阅读习惯。我们采用了清晰明了的章节结构,每个章节都配备了详细的图表和实例,以帮助读者更好地理解和掌握所学知识。

我们深知,高分子材料科学与工程是一个不断发展和变化的领域。因此,在编写本书时,我们也特别注重了内容的时效性和前瞻性。我们力求将最新的研究成果和进展融入书中,以便读者能够了解到高分子材料科学与工程领域的最新动态和发展趋势。

最后,我们诚挚地希望,《高分子材料科学与工程基础概论》一书能够成为广大读者步入高分子材料科学殿堂的钥匙,激发更多人对这一领域的热情与探索。我们相信,通过本书的学习,读者将能够掌握高分子材料科学与工程的基础知识与技能,为未来的科研与工程实践打下坚实的基础,并共同推动高分子材料科学与工程的进步与发展。然而,编者的水平有限,尽管我们付出了极大的努力来确保本书内容的准确性和完整性,但仍可能存在疏漏或不足之处。我们恳请读者在阅读过程中，能够给予理解和包容，同时也欢迎各位读者提出宝贵的意见和建议，以便我们在未来的修订中不断完善和提高。

编　者

2024 年 7 月

目 录

第 1 章 绪 论 ··· 1
1.1 材料的分类 ··· 3
1.2 高分子材料的性质 ·· 3
1.3 高分子材料与人类社会的关系 ··· 4
1.4 高分子材料的分类 ·· 7
1.5 高分子材料的应用 ··· 10
1.6 高分子材料的发展史 ·· 20
1.7 材料科学与工程概述 ·· 21

第 2 章 物质结构基础 ·· 29
2.1 物质的组成、状态 ··· 31
2.2 物质的原子结构 ·· 33
2.3 原子之间相互作用和结合 ·· 45
2.4 各种键型的比较 ·· 55

2.5 原子间距和空间排列 ··· 57

2.6 材料的组成及结构 ·· 60

2.7 金属的晶体 ·· 71

2.8 材料组成、结构、性质、工艺及其与环境的关系 ····· 74

第3章 高分子材料的组成与结构 ······················· 77

3.1 高聚物的结构特征 ·· 79

3.2 高分子链的构象统计 ··· 86

3.3 高分子链的近程结构 ··· 89

3.4 高聚物的聚集态结构 ··· 91

3.5 聚合物的结晶动力学 ··· 96

3.6 聚合物的结晶热力学 ··· 100

3.7 高聚物的玻璃化转变 ··· 104

3.8 高分子溶液 ·· 106

第4章 高分子材料的力学性能 ··························· 117

4.1 应力与应变 ·· 119

4.2 弹性变形 ·· 120

4.3 高分子材料的拉伸应力–应变特性 ······················· 125

4.4 影响拉伸行为的外部因素 ·································· 128

4.5 强迫高弹形变与"冷拉伸" ·································· 132

4.6 高分子材料的断裂 ·· 135

4.7 高分子材料的强度 ·· 140

4.8 高分子材料的增强改性 ····································· 145

4.9　高分子材料的抗冲击强度和增韧改性 …………………………………… 149

第 5 章　高分子材料的物理化学性能 …………………………………… 161

5.1　材料的热性能 ……………………………………………………………… 164
5.2　材料的电学性能 …………………………………………………………… 169
5.3　材料的磁学性能 …………………………………………………………… 176
5.4　材料的光学性能 …………………………………………………………… 180
5.5　材料的耐腐蚀性 …………………………………………………………… 191

第 6 章　高分子材料成型基础 …………………………………………… 195

6.1　高分子材料的配方设计 …………………………………………………… 197
6.2　高分子材料配方的表示方法 ……………………………………………… 198
6.3　热塑性塑料成型 …………………………………………………………… 199
6.4　高分子材料添加剂 ………………………………………………………… 205
6.5　挤出成型 …………………………………………………………………… 208
6.6　注射成型 …………………………………………………………………… 209
6.7　压制成型 …………………………………………………………………… 211
6.8　压延成型 …………………………………………………………………… 213

参考文献 ………………………………………………………………………… 217

后　　记 ………………………………………………………………………… 219

第1章 绪 论

1.1 材料的分类

目前，世界各国的注册材料数以十万计，而且还在不断增加。

材料的分类方法有很多，如根据化学成分进行分类、根据应用性能进行分类等。根据材料的组成和键的性质，材料可分为三类：金属材料、无机非金属材料和高分子材料。

（1）金属材料包括各种纯金属及合金。

（2）无机非金属材料主要包括晶体、陶瓷、玻璃、水泥、耐火材料等。

（3）高分子材料（又称聚合物材料）包括塑料、合成橡胶、合成纤维等。

此外，人们还开发了一系列复合材料，这些复合材料是指通过特殊方法将两种或更多种材料结合在一起的材料。

1.2 高分子材料的性质

高分子化合物主要以 C、H、N、O 等元素为基础，由许多具有相同结构的小单元（链节）组成。

高分子材料的基本性质如下。

（1）结合键主要为共价键，有部分分子间作用力。

（2）分子量大（一般在 10 000 以上），且分子量分布具有多分散性，即高分子化合物与小分子不同。高分子化合物实际上是由许多分子量不同的同系物组成的混合物。我们所说的某一高分子的分子量其实都是它的平均分子量，当然计算平均分子量也以不同的权重方式分为数均分子量、黏均分子量、重均分子量等。而小分子的分子量固定，都由确定分子量大小的分子组成。

（3）无明显的熔点，有玻璃化转变温度、黏流温度，并有热塑性和热固性两类。

（4）力学状态有玻璃态、高弹态和黏流态，强度较高。

（5）质量轻。

（6）具有良好的绝缘性。

（7）优越的化学稳定性。

（8）耐高温性较弱。

与玻璃、陶瓷、水泥、金属等传统材料相比，高分子材料是后起之秀，但它的发展速度和应用范围远远超过了许多传统材料。高分子材料已成为工业、农业、国防、科学技术领域的重要材料，尤其在替代能源的发展、资源节约和生态环境保护方面，发挥着不可替代的作用。高分子材料已经成为现代工程材料的主要支柱，它与信息技术和生物技术一起促进了社会的进步。

1.3　高分子材料与人类社会的关系

高分子材料是一种与工业、农业、建筑业和交通运输业密不可分的材料。棉、羊毛、丝绸、塑料、橡胶等是最常用的高分子材料。随着现代化学和化学科学技术的飞速发展，许多自然界中从未见过的高分子化合物被创造，为满足人类各种需求做出了重要贡献。

如今，在国民经济中，高分子材料与钢铁、木材、水泥一起被称为四种基本材料，它们被认为是促进社会生产力的材料。现在，高分子材料已用于各行各业中。

1.3.1　高分子材料在电子工业中的应用

高分子材料被广泛用于通信、电气领域。在通信领域中，人们对高分子材料的需求随着社会的发展越来越高。目前，高分子材料不仅广泛用于各种终端设备，而且还用于高性能材料（如光纤）中。在电气领域中，高分子材料主要作为绝缘、屏蔽、导电和磁性材料，是生产各种家用电器的最佳材料。因为家用电器是人们必不可少的日用品，所以高分子材料在电气领域中的发展不会停止。我国是电气设备生产大国，对高分子材料有很大的需求。

1.3.2　高分子材料在农业中的应用

近年来，在农业生产中，我国大部分地区使用了覆盖、温室、节水灌溉等技术，这增加了人们对农业高分子材料的需求。覆盖膜的使用能够保温、保湿、保肥、保水、除草、防虫，以及促进植物生长，使收获期提前，进而提高农作物产量。温室的使用能让蔬菜和花卉四季生长。高分子材料具有质量轻、耐腐蚀、不结垢，以及便于运输、安装、使用的特点，在现代农业灌溉中被广泛应用。

1.3.3　高分子材料在建筑行业中的应用

高分子材料广泛地用于建筑项目中，包括排水管、导管、塑料门窗、家具、洁具、装饰材料和防水材料。20世纪70年代后，低泡塑料等高分子结构材料快速发展，很大程度上取代了木材。截至2023年，我国建筑行业的塑料管累计使用量已经达到3 500万t。2022年，我国建筑行业塑料管的使用量达到300万t，其中市政工程约200万t，建筑项目约100万t。2022年，其市场份额达到约50%。根据最新的行业发展趋势分析，随着绿色建筑理念的推广和新型建筑技术的应用，预计未来几年塑料管的年需求量将以每年5%的速度增长，到2025年预计年需求量将达到350万t。

1.3.4 高分子材料在包装工业中的应用

绝大多数食品、针织品、衣物、药品、杂物的轻质包装，均采用高分子材料。化肥、水泥、谷物、盐、合成树脂等的包装，高分子材料编织袋已取代旧的麻袋和牛皮纸包装。作为包装产品，高分子材料不仅耐腐蚀、比玻璃容器轻，而且不易碎。

包装已经成为塑料应用的最大市场。到2023年，我国包装塑料消费量达到1 200万t。随着环保意识的增强和新材料的竞争，塑料在包装材料中的增长速度有所放缓，但仍然是主要的包装材料之一。

1.3.5 高分子材料在汽车行业中的应用

与传统金属件（metallic parts）相比，高性能塑料件（nonmetallic parts）具有成本低、质量轻、可塑性强、原材料渠道多样化、可替换性强等诸多优点。到2023年，轿车的塑料用量已超过150kg/辆，部分新能源汽车由于对轻量化要求更高，其塑料用量可达250kg/辆。德国轿车的塑料用量平均达到350kg/辆，国内轿车的塑料用量平均达到220kg/辆。随着新能源汽车的发展和对燃油效率（对于燃油车）、续航里程（对于电动车）

的要求提高，预计到 2025 年，轿车塑料用量将再增加 10% ~ 15%。

尽管高分子材料具有许多无法被金属和无机材料替代的特点而发展迅速，但目前大量生产的仍然是只能在普通条件下使用的高分子材料，即通用塑料。通用塑料具有诸如机械强度低和刚性、耐热性差的缺点。现代工程技术的发展对高分子材料提出了更高的要求，从而促进高分子材料向高性能和功能化、生物化的方向发展。

1.4 高分子材料的分类

1.4.1 高分子材料根据来源分类

高分子材料根据来源，可分为天然高分子材料和合成高分子材料。

（1）天然高分子材料是存在于动物、植物及生物体内的高分子物质，包括天然纤维、天然树脂、天然橡胶、动物胶等。

（2）合成高分子材料主要是指塑料、合成橡胶和合成纤维三大合成材料，此外还包括胶黏剂、涂料以及各种功能性高分子材料。合成高分子材料具有天然高分子材料所没有的或更为优越的性能：较小的密度，较强的力学性能、耐磨性、耐腐蚀性、电绝缘性等。

1.4.2 高分子材料根据特性分类

高分子材料根据特性，可分为橡胶、纤维、塑料、高分子胶黏剂、高分子涂料、高分子基复合材料、功能高分子材料等。

（1）橡胶是一类线型柔性高分子聚合物。其分子链间次价力小、分子链柔性好，在外力作用下可产生较大形变，除去外力后能迅速恢复原状。

橡胶有天然橡胶和合成橡胶两种。

（2）纤维分为天然纤维和化学纤维。前者指蚕丝、棉、麻、毛等；后者是以天然高分子或合成高分子为原料，经过纺丝和后处理制得。纤维的次价力大、形变能力小、模量高，一般为结晶聚合物。

（3）塑料是以合成树脂或化学改性的天然高分子为主要成分，再加入填料、增塑剂和其他添加剂制得。其分子间次价力、模量和形变量处于橡胶和纤维之间。根据合成树脂的特性，塑料可分为热固性塑料和热塑性塑料；根据用途，塑料又可分为通用塑料和工程塑料。

（4）高分子胶黏剂是以合成天然高分子化合物为主体制成的胶黏材料。高分子胶黏剂分为天然和合成胶黏剂两种，应用较多的是合成胶黏剂。

（5）高分子涂料是以高分子化合物为主要成膜物质，添加溶剂和各种添加剂制得。根据成膜物质不同，高分子涂料可分为油脂涂料、天然树脂涂料和合成树脂涂料。

（6）高分子基复合材料是以高分子化合物为基体，添加各种增强材料制得的一种复合材料。它综合了原有材料的性能特点，并可根据需要进行材料设计。

（7）功能高分子材料除具有高分子材料的一般力学性能、绝缘性能和热性能外，还具有物质、能量和信息的转换、磁性、传递和储存等特殊功能。功能高分子材料包括高分子信息转换材料，高分子透明材料，高分子模拟酶，生物降解高分子材料，高分子形状记忆材料，医用、药用高分子材料等。

1.4.3　高分子材料根据材料应用功能分类

高分子材料根据材料应用功能，可分为三类：普通聚合物材料、特殊聚合物材料和功能聚合物材料。

（1）普通聚合物材料是指可以大规模生产，并已广泛用于国民经济主要领域的聚合物材料，如塑料、橡胶、纤维、胶黏剂和涂料。

（2）特殊聚合物材料主要是具有优异机械强度和耐热性的聚合物材料，如聚碳酸酯、聚酰亚胺和其他材料，这些材料已广泛用于工程材料中。

（3）功能聚合物材料是指具有特定功能并可用作功能材料的聚合物化合物，包括功能分离膜、导电材料、医用聚合物材料、液晶聚合物材料等。

1.4.4　高分子材料根据高分子主链结构分类

高分子材料根据高分子主链结构，可分为碳链高分子材料、杂链高分子材料和元素高分子材料。

（1）碳链高分子材料：分子主链由 C 原子组成，如聚丙烯、聚乙烯、聚氯乙烯。

（2）杂链高分子材料：分子主链由 C、O、N、P 等原子构成，如聚酰胺、聚酯、硅油。

（3）元素高分子材料：分子主链不含 C 原子，仅由一些杂原子组成的高分子，如硅橡胶。

此外，高分子材料根据高分子主链几何形状，可分为线形高分子材料、支链形高分子材料和体形高分子材料；根据高分子微观排列情况，也可分为结晶高分子材料、半晶高分子材料和非晶高分子材料。

各类高聚物之间并无严格的界限。同一高聚物采用不同的合成方法和成型工艺，可以制成塑料，也可制成纤维，比如尼龙就是如此。聚氨酯一类的高聚物，在室温下既有玻璃态性质，又有很好的弹性，所以很难说它是橡胶还是塑料。

1.5 高分子材料的应用

高分子材料已成为国民经济建设和人民生活必不可少的重要材料。

1.5.1 塑料制品

随着科技的进步和时代的发展，塑料制品在工业和日常生活中均占据了不可或缺的地位。塑料是以合成或天然的高分子树脂为主要成分，再加入各种添加剂而制成的材料。它具有质量轻、耐腐蚀、易于加工成型等特点，因此被广泛应用于各个领域。

塑料可以分为两大类：热塑性塑料和热固性塑料。热塑性塑料在加热时可以软化并可以再次成型，例如聚乙烯、聚丙烯和聚氯乙烯等。而热固性塑料一经成型后则不再具有可塑性，例如酚醛树脂和环氧树脂。此外，还有一类特殊的塑料——工程塑料，它们在机械性能和使用寿命方面具有更优越的表现，常用于高科技领域。

塑料制品的应用范围极其广泛，涵盖了包装、建筑、交通、家电、电子、农业等多个行业。

（1）包装材料：塑料在包装领域的应用非常普遍，如塑料袋、塑料瓶、塑料盒等。这些产品具有质轻、密封性好、成本低廉等优点，极大地促进了商品流通和保存。

（2）建筑材料：现代建筑中大量使用塑料制品，如塑料门窗、塑料管道、墙面板等。这些塑料制品不仅具有良好的绝缘性和耐腐蚀性，还能大幅度降低建筑成本和维护费用。

（3）交通领域：塑料制品在交通行业中的应用也在不断增长，如汽车内部的塑料装饰件、车身面板以及用于提高燃油效率的塑料燃油管等。此外，在飞机和高铁制造中，塑料也扮演着重要的角色。

（4）家电产品：几乎所有的家电产品都会使用到塑料，如冰箱、洗衣机、微波炉的外壳，以及各种小家电的内部组件。塑料制品不仅使家电产品更轻便，还提高了其耐用性和安全性。

（5）电子产品：在电子工业中，塑料被制成各种绝缘材料和结构件，如电路板、接插件、外壳等。工程塑料在电子产品的应用尤其重要，它们能够耐高温、抗老化，确保电子产品的稳定性和可靠性。

（6）农业领域：塑料制品在农业中也发挥着重要作用，如农膜、输水管道、储粮容器等。这些产品不仅提高了农业生产效率，还解决了许多实际问题，如作物灌溉和粮食储存。

1.5.2　橡胶制品及其应用

橡胶是一种重要的工业原材料，可以分为天然橡胶和合成橡胶两大类。天然橡胶的主要成分是聚异戊二烯，而合成橡胶则是通过人工合成的方法制备的，成分与天然橡胶有所不同。合成橡胶的主要品种有丁基橡胶、顺丁橡胶、氯丁橡胶、三元乙丙橡胶等。橡胶因其独特的弹性和耐磨性，在工业生产中得到了广泛的应用。

通用橡胶：通用橡胶指那些性能较为一般，但价格相对低廉，应用广泛的橡胶制品，如轮胎、胶管、胶带等。橡胶制品在日常生活中也随处可见，如胶鞋、胶手套、橡皮筋等。这些产品极大地提高了生活的便利性和舒适度。

特种橡胶：特种橡胶则是指那些具有特殊性能的橡胶，如耐油橡胶、耐热橡胶、耐寒橡胶、阻燃橡胶等，广泛应用于航空航天、汽车、电子等高科技领域。

橡胶在汽车工业中有着重要的应用，如轮胎、皮碗、胶管、密封件等。橡胶制品的优异弹性和耐磨性，使得汽车在各种路况下都能保持优良的性能。此外，橡胶的减震性能也广泛应用于汽车悬挂系统中。

在机械工程中，橡胶被用来制造各种密封件、减震垫、防护套等。这些橡胶制品能够有效地防止液体或气体的泄漏，减少机械设备的震动和噪音，提高机械设备的工作效率和寿命。

橡胶在建筑行业主要用于制造防水卷材、密封材料等。这些产品能够有效地防止建筑物受到水害的影响，确保建筑物的质量和耐久性。

1.5.3 纤维

纤维主要分为天然纤维和合成纤维两大类。天然纤维包括植物纤维（如棉、麻）、动物纤维（如羊毛、蚕丝）以及矿物纤维（如石棉）。这些纤维直接从自然界中获取，无需人工合成，具有环保、吸湿透气等优点。植物纤维适合制作贴身衣物和夏季服装，因其透气性好、穿着舒适；而动物纤维则以其保暖性和奢华感著称，特别适合冬季服饰和高端场合。

合成纤维则是通过人工合成的高分子化合物为原料，经过纺丝加工制成，如涤纶、锦纶等。合成纤维具有强度高、耐磨性好等特点，广泛应用于工业用品、户外装备等领域。

此外，随着科技的进步，新型纤维不断涌现，如天然彩棉、改性羊毛、大豆蛋白纤维等。这些新型纤维不仅保留了传统纤维的优点，还在性能上有所提升，满足了人们对纺织品多元化、功能化的需求。在建筑领域，纤维也被广泛应用。纤维增强材料，如纤维混凝土和纤维增强塑料，具有较高的抗拉强度和韧性，能够增强建筑材料的抗裂性能，提高建筑物的安全性和耐久性。

1.5.4 涂料

涂料是一种广泛应用于建筑、制造业、汽车、船舶等行业的化学产品，主要用于提供美观、保护和标识等功能。

涂料种类繁多，按成分和用途可分为水性涂料、油漆等。水性涂料以水为介质，环保无毒，易干燥，常用于室内装修和家居环境，如墙面、木器的装饰和保护。油漆则以溶剂或稀释剂为介质，具有良好的附着力和耐久性，能有效保护被涂物体表面免受氧化、腐蚀等侵害，广泛应用于制造业和汽车等领域。

此外，涂料还有多种特殊类型，如环氧类涂料，以其卓越的黏合性和耐腐蚀性，在工业设施、建筑物和机械设备中发挥出色的保护作用，同时兼具美观性。氟碳涂料则因其高耐候性，被广泛应用于桥梁、油轮、建筑等领域，长期保持油漆的颜色和光泽。

在现代工业中，涂料不仅用于保护和美化物体表面，还通过调配不同颜色和光泽，满足多样化的审美需求。同时，随着科技的进步，涂料的性能不断提升，向着更环保、更高效、更多功能的方向发展，为各行各业提供更加优质的解决方案。

1.5.5 胶黏剂

胶黏剂是一种通过界面黏附和内聚作用将两种或两种以上的制件或材料连接在一起的物质，广泛应用于多个领域。在建筑和装修行业，胶粘剂主要用于砖瓦黏贴、石材安装、地板铺设等环节，其快速干燥和强力黏合的特点使得各种材料能够牢固固定。在家具制造中，胶粘剂用于黏合木材、胶合板等材料，确保家具的耐用性。汽车制造行业也大量使用胶粘剂，用于内饰件、外观件、电子元器件等的黏合，胶黏剂不仅提供强力粘合，还具有耐高温、耐振动、防腐蚀等特性，确保汽车的质量和耐久性。此外，胶粘剂在医疗领域也有广泛应用，用于制造医疗设备和医用产品，其可靠性和安全性至关重要。在航天航空领域，胶黏剂用于替代部分金属焊接，减轻重量，提高经济效益。

胶黏剂的种类繁多，包括脲醛树脂、聚氨酯、环氧树脂等，每种胶粘剂都有其特定的应用场景和优势。随着科技的进步，胶黏剂的性能不断提升，向着快固化、高强度、耐高温等方向发展，为现代工业和日常生活提供了强大的支持。

1.5.6　高分子分离膜

高分子分离膜是由高分子材料制成的具有选择性渗透功能的半透膜。高分子分离膜以压力差、温度梯度、浓度梯度或电势差为驱动力，进行反渗透、超滤、微滤、电渗析、压力渗析、气体分离、渗透蒸发和液膜分离，使混合物分离。制作高分子分离膜的高分子材料有很多，如今，更常使用聚砜、聚烯烃、纤维素脂质和硅酮。高分子分离膜的类型也很多，目前通常使用平膜和架空纤维。

与气体混合物、液体混合物或有机和无机溶液的其他分离技术相比，使用高分子分离膜进行混合物分离的技术，具有节能、高效的特点，因此被认为是支持新技术革命的主要技术，主要用于制剂分离、全蒸发和液膜分离。推广高分子分离膜可以取得巨大的经济效益和社会效益。例如，使用离子交换膜电解盐可减少污染并节省能源；使用反渗透技术进行海水淡化，比其他方法消耗的能源更少；使用气体分离膜从空气中富集氧气可以大大提高氧气的回收率。

在环保领域，高分子分离膜凭借其高效选择性分离特性，被广泛应用于水处理工程，如海水淡化、工业废水净化和饮用水过滤。通过反渗透、超滤等技术，高分子分离膜可有效去除杂质、重金属及有害微生物，大幅提升水质并节约能源。在医疗领域，高分子分离膜作为血液透析的核心材料，帮助肾病患者清除体内代谢废物，同时保障血液中有益成分的留存，显著提高治疗效果和患者生存质量。

在食品工业中，高分子分离膜用于果汁浓缩、乳制品分离及酒类提纯等工艺，替代传统高温处理方式，保留营养成分的同时降低能耗。

1.5.7 高分子磁性材料

高分子磁性材料，是赋予磁性材料和高分子材料传统应用新的意义和内容的材料之一，是人类继续探索磁性材料和高分子材料（合成树脂、橡胶）的新应用领域。

早期的磁性材料为天然磁铁，后来磁铁矿（铁氧体）被用于烧结或铸造成磁体。现在，行业中通常使用三种类型的磁性材料，即铁氧体磁体、稀土磁体和磁钢。它们的缺点是坚硬易碎并且可加工性差。为了克服这些缺点，出现了将磁性粉末与塑料或橡胶混合而制成的高分子磁性材料。以这种方式制成的高分子磁性材料因其比重轻、易于加工成具有高尺寸精度和复杂形状的产品，以及与其他组件集成的能力而变得越来越受欢迎。

高分子磁性材料主要可分为两大类，即结构型和复合型。结构型高分子磁性材料是指并不添加无机类磁粉，高分子材料本身就具有强磁性的材料。目前具有实用价值的高分子磁性材料主要是复合型。

在电子领域，高分子磁性材料结合了聚合物的柔韧性与磁性功能，被用于制造电磁屏蔽材料、柔性传感器和磁性存储介质。例如,手机和电脑中的磁性屏蔽层可减少信号干扰,而柔性磁记录介质为可折叠电子设备提供技术支持。在医疗领域,高分子磁性材料作为靶向药物载体,通过外部磁场精准引导药物至病灶部位,显著提高癌症等疾病的治疗效果并降低副作用。

1.5.8 光功能高分子材料

光功能高分子材料是指能够对光进行透射、吸收、储存、转换的一类高分子材料。目前,这一类材料已有很多,主要包括光导材料、光记录材料、光加工材料、光学用塑料(如塑料透镜、接触眼镜等)、光转换系统材料、光显示用材料、光导电用材料、光合作用材料等。

利用光功能高分子材料能够对光进行透射这一特性,可以将其制成线性光学材料,如普通的安全玻璃、各种透镜、棱镜等;利用高分子材料曲线传播特性,又可以将其开发为非线性光学元件,如塑料光导纤维、塑料石英复合光导纤维等;先进的信息储存元件盘的基本材料就是高性能的有机玻璃和聚碳酸酯。此外,利用高分子材料的光化学反应,可以将光功能高分子材料开发为在电子工业和印刷工业上得到广泛使用的感光树脂、光固化涂料及胶黏剂;利用高分子材料的能量转换特性,可将其制成光导电材料和光致变色材料;利用某些高分子材料的折光率随机械应力而变化的特性,可将其开发为光弹材料,用于研究力结构材料内部的应力分布等。

在显示与照明领域,光功能高分子材料是OLED屏幕的核心组成部分,通过电致发光原理实现高对比度、广色域的图像显示,广泛应用于智能手机、电视和柔性显示屏。在新能源领域,聚合物太阳能电池采用光功能高分子材料(如P3HT/PCBM体系),将太阳能转化为电能,其轻质、可弯曲的特性为建筑一体化光伏发电提供新思路。在智能制造中，光固化3D打印技术依赖光功能高分子材料的快速成型，可高效制造精密医疗器械、汽车零部件等，推动个性化定制与绿色制造的发展。

1.5.9　高分子复合材料

高分子复合材料是一种多相材料，由高分子材料与其他成分、形状和特性不同的材料复合黏结而成。高分子复合材料的最大优点是博各种材料之长，如高强度、质量轻、耐高温、耐腐蚀、隔热、绝缘等性能。根据应用目的，选择高分子材料和其他具有特殊性能的材料来满足复合材料的需求。

高分子复合材料分为两类：高分子结构复合材料和高分子功能复合材料。前者占主导地位。高分子结构复合材料包括两个成分：①增强剂。它是一种具有高强度、高模量和耐热性的纤维和织物，如玻璃纤维、氮化硅晶须、硼纤维等纤维织物。②材料。它主要是起到黏结作用的胶黏剂，如不饱和聚酯树脂、环氧树脂、酚醛树脂、聚酰亚胺和其他热固性树脂，以及苯乙烯、聚丙烯和其他热塑性树脂。高分子结构复合材料的比强度和比模量高于金属，是国防和尖端技术必不可少的材料。

高分子复合材料因其优异的物理和化学性能，在航空航天、汽车、电子、建筑等行业发挥着重要作用。在航空航天领域，高分子复合材料因其轻质高强、耐腐蚀等特点，被用于制造飞机和火箭的结构部件，有效减轻了重量，提高了飞行效率。在汽车工业中，高分子复合材料用于制造车身、内饰件和底盘部件等，不仅提高了汽车的舒适性和安全性，还降低了生产成本。此外，高分子复合材料在电子行业中也有广泛应用，如用于制造手机、电脑等电子产品的外壳和内部结构件，提高了产品的耐用性和美观度。在建筑领域，高分子复合材料被用于制造防水卷材、管道、隔热材料等，有效提升了建筑物的防水、保温和耐久性。同时，高分子复合材料还具有良好的环保性能，符合现代绿色建筑的理念。

1.5.10　生物医学高分子材料

高分子材料渗透到医学和生命科学领域，在医学领域得到了广泛的应用，一类生物材料逐渐发展起来。生物医学高分子材料是以用于医学为目的的高分子材料，用于诊断、治疗，或替换体内的组织和器官，或增强组织和器官的功能。由于生物医学高分子材料不断被应用，它已经形成了现代医学和高分子科学之间的边界科学。

在功能高分子材料领域，生物医学高分子材料可以说是突如其来，目前已成为发展最快的重要分支。它的主要作用体现在以下几个方面。

1.5.10.1　人造组织高分子材料

人造组织高分子材料是指应用于牙科、眼科、骨科、创伤外科以及整形外科的生物医学高分子材料。

（1）用于牙科的人造组织高分子材料：主要产品有蛀牙填充树脂、假牙、人造牙根、人造牙冠材料、硅橡胶牙托软垫等，原材料主要为聚甲基丙烯酸甲酯、聚砜和硅橡胶等材料。

（2）用于眼科的人造组织高分子材料：需要具备优异的光学性能、良好的润湿性、透氧性、生物惰性以及特定的机械性能。这类材料主要产品有人造角膜、人工晶状体、人造玻璃体、人造眼球、人造视网膜、人造泪管、隐形眼镜等，原材料主要为聚四氟乙烯、聚甲基丙烯酸甲酯、聚甲基丙烯酸羟乙酯、聚乙烯醇、硅油、透明质酸水溶液。

（3）用于骨科的人造组织高分子材料：骨类材料的主要产品有人工关节、人工骨、骨材料（如骨钉等），原材料主要为高密度聚乙烯、高模量芳族聚酰胺、聚乳酸、碳纤维及其复合材料。肌肉和韧带类材料的主要产品有人造肌肉、人造韧带等，原材料包括聚对苯二甲酸乙二醇酯、聚丙烯、PTFE、碳纤维等。

（4）用于皮肤科的人造组织高分子材料：主要产品有人造皮肤，包括层压人造皮肤、甲壳质人造皮肤、胶原蛋白人造皮肤、组织扩张剂等。

1.5.10.2　药物高分子材料

（1）高分子缓释药物载体：药物缓释是近年来的研究热点。当前，某些药物，特别是抗癌药和抗心血管药（如强心苷），具有很高的生物毒性，而且对生物的选择性较低。因此，通常选择生物可吸收材料作为药物载体，结合药物的活性分子，通过扩散和渗透进入人体以实现缓慢释放。通过有效控制药物的治疗剂量，降低药物的毒性和副作用，减少药物的耐药性，改善药物的靶向递送，减少给药次数，减轻患者痛苦，缩短患者住院时间，进而节省财力、人力和物力。目前，存在时间控制的缓释系统（如"新康泰克"等，理想状态为零级释放）和部位控制的缓释系统（脉冲释放方式）。近年来，开展了更多利用高分子材料（如智能凝胶）相变的温度依赖性的研究，在患者发烧时按需释放药物，并且利用敏感化学物质诱导高分子材料发生相变或构象变化，来实现药物响应释放系统。

（2）高分子药物：具有高分子链的药物和具有药理活性的高分子材料，如抗癌高分子药物（非靶向、靶向型）、用于心血管疾病的高分子药物（治疗动脉硬化、抗血栓形成）、抗菌和抗病毒高分子药物（抗菌、抗病毒、抗支原体感染）、抗辐射高分子药物、高分子止血剂等。低分子药物与高分子链结合的方法包括吸附、共聚、嵌段和接枝。1962年，第一种被聚合的药物是青霉素，当时使用的载体是聚乙烯胺。后来，许多抗生素、心血管药物和酶抑制剂也被聚合。天然的药理活性高分子材料包括激素、肝素、葡萄糖、酶制剂等。

1.6　高分子材料的发展史

与玻璃、陶瓷、水泥、金属等传统材料相比，高分子材料是后起之秀，但它们的发展速度和应用范围远远超过了许多传统材料。这一节简要概述高分子材料的发展历史。

说到高分子材料的发展历史，它可能比我们想象的要长得多。高分子材料的最早应用可以追溯到原始人类首次使用的树枝、秸秆和动物皮等天然高分子材料。在漫长的历史中，由天然高分子加工而成的纸、胶、丝绸等产品与人类文明的发展交织在一起，奏响了高分子材料之歌。

但是，随着社会的发展，人类已不再满足简单地使用这些材料，天然高分子材料的相应改性和加工技术应运而生。最具代表性的是19世纪中叶，德国人用硝酸溶解纤维素，然后将其纺成丝或制成薄膜，利用其易燃特性制造炸药。但硝化纤维难以加工和成型，因此人们在其中添加樟脑以使其易于加工和成型，这就是著名的"赛璐"塑料材料。另一个例子是橡胶的改性。早在11世纪，美国工人就开始在长期生产实践中使用橡胶。但是，那时橡胶制品会在低温状态下变硬，而在高温状态下变黏，受温度的影响十分严重。1839年，美国科学家发现，将橡胶和硫黄一起加热可以消除上述的硬化和黏性缺点，并可以大大提高橡胶的弹性和强度。硫化改性大大促进了橡胶工业的发展，因为硫化橡胶的性能要比生橡胶好得多，这为橡胶产品的广泛应用开辟了道路。同时，橡胶加工方法也在逐步改进，形成了塑化、混合、压延、挤出和成型的完整过程，使橡胶工业蓬勃发展。

自20世纪，高分子材料进入了高分子材料工业合成的重要阶段。合成高分子材料的诞生和发展始于酚醛树脂。化学家通过对苯酚和甲醛之间的反应进行研究，发现在不同的反应条件下，可以得到两种类型的树脂。一种是在酸催化下产生的可熔且可溶的线形酚醛树脂，另一种是在碱催化下产生的不熔且不溶体形酚醛树脂。自此，合成高分子材料的类型迅速扩大。

1920年赫尔曼·施陶丁格发表了《论聚合》，提出了聚合物的概念。20世纪30年代，聚氯乙烯、聚苯乙烯、聚甲基丙烯酸甲酯、聚乙烯热塑性聚合物实现工业化生产。20世纪40年代，第二次世界大战推动了合成橡胶苯乙烯–丁二烯橡胶的发展，丁腈橡胶的结晶理论得到了迅速发展。20世纪50年代是高分子材料学科发展的"黄金时代"。在这一阶段，确定了"高分子物理学"的概念，齐格勒–纳塔催化剂带来了定向聚合，聚丙烯、丁二烯橡胶和聚对苯二甲酸乙二醇酯实现工业化。20世纪60年代是工程塑料大规模发展的时期。这一时期通用塑料具备了更高的机械性能，能够适应更宽的温度范围和更恶劣的环境条件，并且可以在这些条件下长时间使用，可以作为结构材料。20世纪70年代，塑料转向大规模生产，并进入了高分子的设计和改革阶段。

1.7　材料科学与工程概述

材料科学与工程是一门研究材料性质的发现、分析、理解、设计和控制的科学。其目的是揭示材料的行为，给出材料结构的统一描述或模型，并解释结构与性能之间的内部关系。

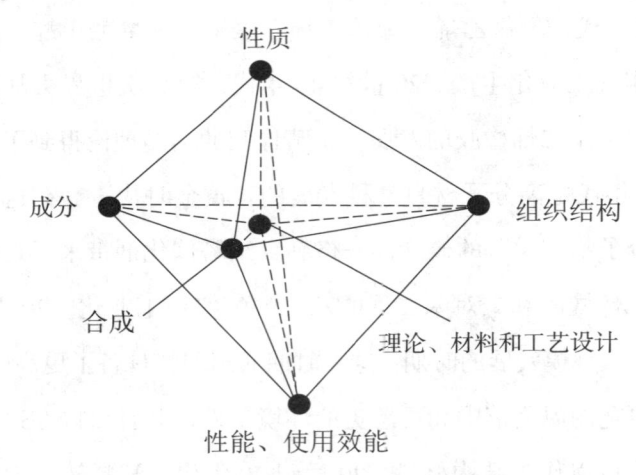

1.7.1 材料科学与工程的内涵

材料科学与工程的内涵可以被认为由六个元素组成，它们之间的关系可以用多面体来描述（图1-1）。使用效能是材料在工作条件（力、大气、温度）下的性能。材料的性能可视为材料的固有性能。虽然使用效能随工作环境而变化，但它与材料的固有性能密切相关。理论、材料和工艺设计位于多面体的中心。它与其他五个元素直接相连，表明了它在材料科学中的特殊地位。

图1-1 材料科学与工程的内涵

1.7.2 材料科学与工程的内容

1.7.2.1 材料科学与工程的核心内容是结构和性能

为了深入理解和有效控制性能和结构，人们经常需要了解各种过程现象，如屈服过程、断裂过程、传导过程、磁化过程、相变过程等。材料中各种结构的形成涉及能量的变化，因此外部条件的变化也会引起结构的变化，从而导致性能的变化。可以说过程是理解结构和性能的重要部分，结构是深刻理解性能的核心，外部条件控制着结构的形成和过程的进行。

1.7.2.2 材料的性能取决于材料的内部结构

材料的结构反映了材料图元的组成，以及它们的排列和移动方式。材料的组成元素通常是原子、离子和分子。材料的排列在很大程度上受元素之间键合类型的影响，如金属键、离子键、共价键、分子键等。这些组件在结构中不是静态的，而是处于恒定运动中，如电子运动和原子的热运动。材料的结构可以在不同的层次上进行描述，包括原子结构、原子排列、相结构、微观结构、结构缺陷等，每个层次的结构特征都以不同的方式决定了材料的性能。

1.7.2.3 物质的结构是理解和控制性能的中心环节

材料的原子结构和电子在原子核周围的运动对材料的物理性能有重要影响，特别是电子结构会影响原子的键合，使材料表现出金属的固有特性。金属、无机非金属和某些高分子材料在空间或晶体的晶格结构中均具有规则的原子排列。晶体结构将影响材料的许多物理特性，如强度、可塑性、韧性等。例如，石墨和金刚石均由碳原子组成，但它们的原子排列不同，从而导致强度、硬度和其他物理特性出现明显差异。当材料处于非晶态时，与结晶材料相比，性能也有很大差异。例如，玻璃状聚乙烯是透明的，而结晶聚乙烯是半透明的。又如，某些非晶态金属比晶体金属具有更高的强度和耐腐蚀性。此外，晶体材料中结构缺陷的存在，也对材料的性能产生重要影响。

1.7.2.4 材料大小的影响

当我们研究晶体结构和性质之间的关系时，除了考虑内部原子排列的规律性之外，还需要考虑其大小的影响。从聚集的角度来看，在三个维度上具有较大尺寸的材料称为散装材料；在一个、两个或三个维度上具有较小尺寸的材料称为低尺寸材料。低尺寸材料可能具有散装材料不具备的性能。例如，零维纳米粒子（尺寸小于 100 nm）具有很强的表面效应、尺寸效应和量子效应，使其具有独特的物理和化学特性；纳米金属粒子是电绝缘体和吸光的黑体；由纳米颗粒组成的陶瓷具有很高的韧性和超塑性；纳米金属铝的硬度是普通铝的 8 倍。具有高强度的一维材料有机纤维和光纤，以及二维材料金刚石膜和超导膜都具有特殊的物理性能。

1.7.3 材料科学与工程的发展基础

1.7.3.1 各种材料的大规模应用和开发是材料科学与工程形成的重要基础之一

18 世纪蒸汽机的发明和 19 世纪电动机的发明，使新品种的开发和材料的批量生产有了飞跃。例如，在 1856 年和 1864 年相继发明了转炉和平炉炼钢，极大地促进了机械制造和铁路运输的发展。随后，不同类型的特殊钢陆续出现，如 1887 年的高锰钢、1903 年的硅钢和 1910 年的镍铬不锈钢。同时，铜、铅和锌得到了广泛应用，之后铝、镁、钛也依次被广泛使用，稀有金属不断涌现。

20 世纪初，合成高分子材料问世，如 1909 年的酚醛树脂、1925 年的聚苯乙烯、1931 年的聚氯乙烯和 1941 年的尼龙。在 20 世纪中后期，通过合成原料和特殊的制备方法，一系列不可替代的功能材料和高级结构材料被生产出来,如电子陶瓷、铁氧体、光学玻璃、透明陶瓷、感光和光电功能薄膜材料等。由于具有高硬度、耐高温、耐腐蚀、耐磨损和质量轻的特性,高级结构陶瓷在能源、信息等领域的应用,已成为过去40年研究工作的热点,并且其范围仍在不断扩大。

1.7.3.2 基础学科的发展为物质科学理论体系的形成奠定了坚实的基础

量子力学、固态物理学、断裂力学、无机化学、有机化学、物理化学等学科的发展,以及现代分析测试技术和设备的更新,使人类对材料的结构和性质有了更深刻的理解。同时,冶金、金属科学、陶瓷、高分子科学等的发展,也大大加强了对材料本身的研究并使之系统化,从而改善了材料的组成、制备、结构和性能之间的关系。

1.7.3.3 学科理论的交集日益突出

在材料科学学科建立之前,金属材料、无机非金属材料和高分子材料都已经形成了自己的体系,但人们在长期研究中发现,在准备和使用过程中,许多概念、现象和变化有很多相似之处。例如,在相变理论中,马氏体相变最初是由金属学家建立的,并被广泛用作钢的热处理理论。后来,在氧化锆增韧陶瓷中也发现了马氏体转变现象,并将其用作有效的陶瓷增韧方法。又如缺陷理论的概念、平衡热力学、扩散、塑性变形和断裂机理、表面和界面、晶体和非晶结构、电子迁移和结合、原子团聚体的统计力学等,这些通常可以用来解释不同类型的物质行为。

各种材料的研究设备和生产方法也有共同点。尽管不同类型的材料具有自己的专用设备和生产设备,但是许多方面仍然相同或相似,如显微镜、电子显微镜、表面测试、物理化学和物理性能测试仪器。在材料生产中,许多加工设备也具有共同的特征。例如，挤出机可用于金属材料的成型或冷加工硬化；对于某些高分子材料，采用挤出工艺后，可以使有机纤维的比强度和比刚度大大提高；随着粉末成型技术和热致密化技术的发展，很难找到粉末冶金与现代陶瓷制造之间的明显区别。

1.7.4 科技进步促进了材料科学与工程的自身发展

1.7.4.1 应用需求的牵引作用

应用需求的牵引作用是材料科学与工程发展的最重要的推动力。例如，信息技术的发展，从电子信息处理发展到光电子信息处理和光子信息处理需要一系列材料作基础，这包括光电子材料、非线性光学材料、光波导纤维、薄膜与器件等。又如能源工程技术的发展，要求材料能耐受更高温度、具有更高可靠性以及寿命可预测的性质，以提高效率，同时还要求更好的耐磨损、耐腐蚀性等，这些都向材料科学与工程提出了大量的研究问题。

1.7.4.2 多学科交叉的促进作用

材料科学与工程本身具有多学科交叉渗透的特征，并且包含丰富的内涵。例如，材料的组件设计和合成涉及化学的许多分支，包括高温过程的热力学、动力学，甚至在温和条件下的仿生合成。研究材料的微观结构与性能之间的关系，可能还要涉及物理学，尤其是凝聚态物理学，以及不连续介质微观力学等各种学科。

现代科学技术的发展具有相互渗透、交叉学科全面的特点。科学与经济之间的相互作用正在推动信息科学、生命科学和材料科学的活跃发展，从而诞生了一系列高科技和高性能材料。例如，信息功能材料是当代能源技术、信息技术、激光技术、计算机技术、空间技术、海洋工程技术和生物工程技术的物质基础，并且是多学科交叉融合的产物。高温结构材料是人类在太空中旅行的物质基础，它的研发涉及材料科学、航空航天工程学、物理学等多个学科的协同合作。

人类在毫米时代发明了拖拉机，在微米时代发明了计算机。在以纳米材料为标志的纳米时代，人类将创造更多的光辉。21世纪的人类科学技术将集中在先进材料技术、先进能源技术、信息技术和生物技术四个学科上。它们的相互交往和相互影响，将为人类创造一个完全不同的物质环境。未来的材料将是对生物学和自然界具有良好适应性、兼容性和环境友好性的材料。

1.7.5 材料科学与材料工程的关系

一般来说，科学属于"为什么"研究的范畴。材料科学的基本理论体系可以为材料工程提供必要的设计基础，为材料的选择、使用、潜力开发以及新材料的开发提供理论依据。材料科学还可以节省时间、提高可靠性、提升质量、降低成本和能耗，并减少环境污染。

材料工程是工程性质的领域，工程则是要解决"怎么做"的问题。其目的是以经济且被社会所接受的方式，对材料的结构、性能和形状进行控制。材料工程研究需要考虑材料的五个标准，即经济标准、质量标准、资源标准、环境保护标准和能源标准。

材料科学与材料工程密切相关，相互促进。材料工程为材料科学提出了许多研究课题，而材料工程技术也为材料科学的发展提供了客观的物质基础。材料科学与材料工程之间的差异在于它们强调的核心问题。它们之间没有明确的分界线。解决实际问题时，很难独立考虑科学因素和工程因素。因此，人们经常将两者结合在一起，称为"材料科学与工程"。

第 2 章　物质结构基础

本章所涉及的内容是材料结构和组成的普遍原理，该原理是认识和研究各类材料在结构与性能方面所表现出来的个性和共性的基础。

2.1 物质的组成、状态

世界按其本性来说主要是物质的，也就是说物质组成了世界。在自然界中观察到的多种多样的现象，都是运动着的物质的各种不同形式。物质是自然界中一切过程的唯一源泉和最终原因。物质具有质量和能量，并占有一定的空间。所以物质在时间上是永恒的，在空间上是无穷无尽的；它不会重新产生，也不会消失；它不能被创造，也不能被消灭；它只可能改变自己的形式。

物质有两大类型，即物体和场（引力场、电磁场、核力场等）。我们日常所见到的物体以三种状态（固态、液态和气态）存在于自然界。除此之外，物质还有高空的等离子态、地球内部高温高压作用下的塑态等状态。

自然界中所有的物体都是由化学元素及其化合物组成的，即由原子和分子组成的。由于原子的排列状态及相互作用的不同，物体便表现出各种形态。目前，人们已经发现118种元素；而组成地球的有94种天然元素，它们在自然界的含量有着很大的差别。在通常环境下，这些元素有的以固态形式存在，有的则以液体或气态形式存在。这些元素在大气层、水圈和地壳中的分布是不均衡的。

大气层中只有稀有气体元素是以原子状态存在的，其余的大多数化学元素则以分子状态存在（表2-1）。这些分子由两个或两个以上的同类原子或异类原子组成，如 O_2、N_2 或 CO_2。

表2-1　地球大气的组分

组分	相对原子质量或相对分子质量	体积分数 /%	组分	相对原子质量或相对分子质量	体积分数 /%
N_2	28.01	78	CH_4	16.04	7.4×10^{-4}
O_2	32.0	21	He	4.00	5.2×10^{-4}
Ar	39.95	0.93	CO	28.01	1×10^{-4}
CO_2	44.01	0.03	H_2	2.02	5×10^{-4}
Ne	20.18	1.8×10^{-3}	H_2O	18.02	变量

水圈主要成分是水，其中溶解有各种物质元素（表2-2）。这些物质大多数是离子的状态（带电状态），而不是原子的状态（中性状态）。

表2-2　水圈的大致成分

元素	原子分数 /%	元素	原子分数 /%	元素	原子分数 /%
H	66.4	Mg	0.034	K	6×10^{-3}
O	33	S	0.017	C	5.4×10^{-3}
Cl	0.33	Ca	6×10^{-3}	Br	5×10^{-4}
Na	0.28				

地壳主要是一些化合物的固态聚集体（表2-3）。这些化合物有 SiO_2、Al_2O_3、TiO_2、FeO、MnO、MgO、CaO、NaO、K_2O 等，在不同的岩圈样品中，这些化合物的比例是不同的。除此之外，在地壳中还有其他的化合物，如水和碳氢化合物等。

表2-3　地壳的大致成分

元素	原子分数 /%	质量分数 /%	元素	原子分数 /%	质量分数 /%
O	60.4	49.6	Fe	1.9	4.8
Si	20.5	27.3	Ca	1.9	3.4
Al	6.2	8.3	Mg	1.8	1.9
Na	2.5	2.7	K	1.4	2.6
H	2	1	Ti	0.3	

物质按其状态可分为固体、液体和气体，这完全是由于它们之间原子或分子结构的不同而产生的。

当原子或分子之间相距较远、相互之间的作用力较小时，原子或分子的运动非常自由。此时，原子或分子的排列没有规则，客观上物质表现为没有一定的形状，也没有一定的体积，这种形态称为气体。

当原子间力或分子间力较大时，原子或分子之间不能轻易脱离，但因为这种力还不是很强，所以原子或分子还可以自由运动。此时，分子或原子的排列出现局部有序，宏观的物质表现为有一定的体积，但无一定的形状，这种形态称为液体。

当原子间力或分子间力非常强大时，原子或分子不能自由运动，它只能在某一平衡位置做振动。此时，物体表现为具有一定的形状，又有一定的体积，这种形态称为固体。处于固体的物质，其原子或分子的排列可以是有规则的，也可以是无规则的。固体可分为晶体与非晶体两大类。原子或分子按一定规律呈周期性排列的固体物质称为晶体，如金属、岩盐、云母等；相反，原子或分子只是在短程的或局部的小范围内是有序的，在较大范围内是无定形的，这种固体物质称为非晶体，也称玻璃态，如玻璃、固体沥青、塑料、橡胶等。

液体和气体属于无定形结构。固体、液体属于凝聚态物质。目前对凝聚态物理的研究已发展成物理学最广阔和最重要的领域之一。

2.2 物质的原子结构

固体材料都是由一种或多种元素的原子结合而成的。元素以单原子态孤立存在时称为该元素的自由原子。关于原子结构目前有多种假设模型，其中最著名的是玻尔原子模型，该模型认为原子中心有原子核，核外有快速运动的电子围绕着，如图2-1所示。

图2-1　玻尔原子模型示意图

经典的原子模型认为，原子是由带正电荷的原子核和Z个绕核旋转的电子组成的（Z是原子序数）。为了解释原子的稳定性和原子光谱（尖锐的线状光谱），尼尔斯·玻尔对此经典模型做了两点重要的修正。

（1）电子不能在任意半径的轨道上运动，只能在一些半径r为确定值的轨道上运动。我们把在确定半径的轨道上运动的电子状态称为定态。每一定态（即每一个分立的r值）对应着一定的能量E（E=电子的动能+电子与核之间的势能）。由于r只能取分立的数值，能量E也只能取分立的数值，这就叫能级的分立性。当电子从能量为E_1的轨道跃迁到能量为E_2的轨道上时，原子就发出（当$E_1>E_2$时）或吸收（当$E_1<E_2$时）频率为γ的辐射波。γ值符合爱因斯坦公式：

$$E_1-E_2=h\gamma \quad (2-1)$$

式中，h为普朗克常数。

（2）处于定态的电子，其角动量L只能取分立值，且必须为（$h/2\pi$）的整数倍，即

$$L=mvr=\frac{nh}{2\pi} \quad (2-2)$$

式中，m 和 v 分别为电子的质量和速度。式（2-2）即为角动量的量子化条件。

能量的分立性和角动量的量子化条件，就是玻尔原子理论的基本内容。原子直径的数量级为 10^{-10} m，核直径的数量级为 10^{-15} m，其中以氢（H）原子为最小，铯（Cs）原子为最大。然而，玻尔原子理论虽然能定性地解释原子的稳定性（定态的存在）和线状原子光谱，但在细节和定量方面仍与实验事实有很大差别。特别是该理论不能解释电子衍射现象，因为它仍然是将电子视为服从牛顿力学的经典粒子。从理论上讲它也是不严密的，因为它给牛顿力学硬性附加了两个限制条件，即能量的分立性和角动量的量子化条件。因此，要克服玻尔原子理论的缺陷和矛盾，就必须摒弃牛顿力学，建立崭新的理论。经过深入的研究，人们发现经典力学理论并不适用于原子，要用一种新的力学——量子力学来说明原子的行为，这就是波动力学（或量子力学）理论。因此，本节先介绍量子力学的几个基本概念，然后分析原子的结构。

2.2.1　量子力学的几个基本概念

2.2.1.1　微观粒子的波粒两象性

1905年，爱因斯坦提出光子理论，认为电磁辐射是由光子组成的。每个光子能量 E 和动量 p 为

$$E = h\gamma = \frac{hc}{\lambda} \qquad (2-3)$$

$$P = \frac{h}{\lambda} = \frac{h\gamma}{c} \qquad (2-4)$$

式中，h 为普朗克常数；γ 和 λ 分别是辐射的频率和波长，c 是光速。式（2-4）称为爱因斯坦关系式。

后来人们发现，不仅光具有波粒二象性，而且静止质量不为零的电子、质子、中子、介子和分子等微观粒子，都具有这种性质。德布罗意假定以下两个公式也适用于各种微观粒子：

$$\omega = \frac{E}{\hbar} \qquad (2\text{-}5)$$

$$\lambda = \frac{h}{p} \qquad (2\text{-}6)$$

式中，$\hbar$ 为 $\frac{h}{2\pi}$。式（2-5）、式（2-6）称为德布罗意公式。可见，微观粒子能量 E 和动量 p，与平面波频率 ω 和波长 λ 之间的关系，正像光子与光波的关系一样。

按照波动力学观点，电子和一切微观粒子都具有二象性，既具有粒子性，又具有波动性。联系二象性的基本方程是

$$\lambda = \frac{h}{p} = \frac{h}{m\omega} \qquad (2\text{-}7)$$

式（2-7）表明，一个动量为 mv 的电子（或其他微观粒子）的行为（属性）如同波长 λ 为 h/p 的波的属性。可以看出，如果通过改变外场而改变电子的动量 p，电子波的波长 λ 也就随之而变。将实验中通常遇到的电子速率 v 和质量 m 代入式（2-7）中，计算出波长 λ 后发现，波长 λ 值正好和晶体中相邻原子间的距离为同一数量级，因而有可能满足布拉格公式而发生电子（被晶体）衍射效应。因此，式（2-7）可以认为是一切有关原子结构和晶体性质的理论和实验基础。现代的物理学家已从各个角度证实了实物粒子的波动性。

2.2.1.2 海森堡测不准原理

海森堡提出：同时确定位置和动量，原则上是不可能的，若将其中一

个参数测量到任何的准确程度，对另一个量的测量准确度就会相应降低。设测不准量分别为 Δx 和 Δp，则有

$$\Delta x \cdot \Delta p \approx \frac{h}{2\pi} = \hbar \qquad (2-8)$$

能量 E 和时间 t 存在类似的关系，则有

$$\Delta E \cdot \Delta t \approx \frac{h}{2\pi} = \hbar \qquad (2-9)$$

海森堡测不准原理表明了量子力学的一个基本特点：我们不能决定某一物理量的确切数值，而只能从宏观大量的测量中得到它的概率分布；如果要使这个概率范围达到极窄，则只有牺牲该体系中要测量的其他物理量的精度才能达到。这与经典力学有着本质上的区别。

海森堡测不准原理是普遍原理。经典力学中，一些共轭的动力变量，如角动量与角位移、能量与时间、动量与位移等均满足该关系式。海森堡测不准原理来源于物质的二象性：既是微粒，又是波。这一客观规律是测量技术和主观能力的局限。对于微观粒子，我们不可能像经典力学那样，既知道它的精确位置，又知道它的动量的确定值。因此，对微观物体位置的恰当描述是说它处于某一位置的概率。

海森堡测不准原理能够告诉我们，在多大限度内微观粒子可以用经典方法来描述。设粒子速度远小于光速 c，$p=v$，代入式（2-8）中得到

$$\Delta x \cdot \Delta v \approx \frac{h}{2\pi m} \qquad (2-10)$$

现比较以下两种电子情况。

（1）原子中的电子。因电子 $\frac{h}{m} \approx 7 \times 10^{-4}\,\mathrm{m^2/s}$，原子直径为 $10^{-10}\,\mathrm{m}$，故 $\Delta v = 10^{-6}\,\mathrm{m/s}$，可见此时用经典方法描述电子的速度是不行的。

（2）电子在威尔逊云室中运动。设粒子径迹的粗细是 $\Delta x = 10^{-4}\,\mathrm{m}$，得

r=7 m/s。此时只要电子以 1 000 m/s 速度飞行,上述测不准量就无关紧要,于是可用经典方法描述。

2.2.1.3 薛定谔方程

由于电子具有波动性,谈论电子在某一瞬时的准确位置就没有意义。我们只能讨论电子出现在某一位置的概率(可能性),因为电子有可能出现在各个位置,只是出现不同位置的概率不同。为此,人们往往用连续分布的"电子云"代替轨道来表示单个电子出现在各处的概率,电子云密度最大的地方就是电子出现概率最大的地方。

在量子力学中微观粒子具有波动性,并且是一种统计意义下的概率波。它是位置和时间的函数,写为 $\Psi(x, y, z, t)$ 或 $\Psi(r, t)$,称为波函数。在光的电磁波理论中,光波是用电磁场 E 及 H 来描述的,光在某处的强度与该处的能量 E^2 或 H^2 成正比。仿照这点,波的强度应与 $|\Psi(r, t)|^2$ 成正比。因为微观粒子的概率波概率总和等于1,所以粒子在空间各点出现的概率只取决于波函数在空间各点强度的比例,而不取决于强度的绝对大小。

微观粒子的状态通过波函数 $\Psi(r, t)$ 描述,当时间改变时,粒子状态(波函数)将按照薛定谔方程进行变化,即

$$ih\frac{\partial}{\partial t}\Psi(r, t)=\left[-\frac{\hbar^2}{2m}\nabla^2+U\right]\Psi(r, t) \quad (2-11)$$

式中,ih 是约化普朗克常数,U 是粒子在外场中的势能;m 是粒子的质量;$\nabla^2=\frac{\partial^2}{\partial x^2}+\frac{\partial^2}{\partial y^2}+\frac{\partial^2}{\partial z^2}$ 是拉普拉斯符号。

由于 $|\Psi(r,t)|^2 d\tau$ 表示瞬间 t 在体积元 $d\tau$ 所找到粒子的概率,因此这个函数必须满足归一化条件:

$$\int |\Psi|^2 \, d\tau = 1 \qquad (2-12)$$

此积分是对整个空间的。

如果 U 与时间无关，则 Ψ 可以表示为

$$\Psi(r,t) = \Psi(r) e^{-iEt/\hbar} \qquad (2-13)$$

与空间有关的 $\Psi(r)$ 应满足方程：

$$\left[-\frac{\hbar}{2m} \nabla^2 + U \right] \Psi(r) = E\Psi(r) \qquad (2-14)$$

式中，E 为常数。

具有式（2-13）形式的波函数所描述的状态为定态，式（2-14）称为定态薛定谔方程。用一定的边界条件解这个方程，就可以求出可能的 E 及它们对应的波函数。分析表明，此时粒子的总能量就是 E。

2.2.2 原子核结构

自由原子由带正电荷的原子核和带负电荷的电子集团组成，在一定条件下原子核仅由质子和中子组成。

质子的质量约为 1.673×10^{-27} kg，中子的质量是 1.675×10^{-27} kg，质子和中子的质量约为电子的 1 800 倍。电子的质量是 9.11×10^{-30} kg。原子的半径约为 10^{-10} m。原子核很小，其半径不超过 10^{-14} m。

一个质子具有正电荷 $e = 1.672 \times 10^{-19}$ C。该值与电子电荷相等，但符号相反。中子呈电中性在原子内部，电子围绕原子核运动，电子数与质子数相等，故整个原子呈电中性。如果某自由原子的原子序数为 Z，则核内有 Z 个质子，带 $+Ze$ 电荷；因此核外就有 Z 个电子，带 $-Ze$ 电荷。在一定条件下，原子可以失去某些电子，变为正离子，带有正电荷；也可得到一些

电子，变为负离子。

中子与质子统称为核子。不同数量的中子和质子构成不同类型的原子核，称为核素。不同的化学元素是以核内质子数目的不同来区分的。例如，铁的质子数为26，铀的质子数为92。具有相同质子数，而中子数不同的原子，称为同位素。例如，U^{235} 和 U^{238} 都是铀的同位素，质子数均为92，但中子数分别为143和146。目前世界上已经发现近两千种核素，其中稳定的不到300种，不稳定的核素通过放射性衰变或其他方式向稳定的核素转化。

原子核内核子间的结合是非常紧密的。使核子聚在一起的是一种新的力，称为强相互作用力或核力。它比万有引力大40个数量级，但作用范围却十分小，只在 10^{-15} m 的范围内起作用。如果超出几个核子半径距离之外，核力的影响就消失了。关于核力的本质以及核的结构不属于材料学研究的范畴。

2.2.3 原子核外电子

2.2.3.1 电子的分布和运动

原子中电子的分布和运动是一个微观问题，需用量子力学的方法进行研究。由海森堡测不准原理可知，电子在原子中的位置不能被严格地确定，但是理论和实验都能精确得到电子在原子核势场的作用下所处的一些特定能量状态——能级。因此，对电子绕核作高速运动的描述，已放弃经典理论中"轨道"的概念，而是按电子在空间各点出现的概率来说明。"轨道"或"壳层"，仅是代表电子的某种能量状态或特定波函数。

由于核外电子运动的波函数是一个三维空间的函数，我们通常从角度变化和径向（半径 r）变化两个方面来讨论。波函数角度分布图又称原子轨道的角度分布图，是展示波函数随角度变化而变化的图形。波函数径向分布图反映径向在任意角度随 r 变化的情形。对电子的波函数的描述是一种统计解释。电子在核外空间出现机会的统计结果即表示电子的概率密度分布，因此形象地称为电子云。

我们知道波函数是描述核外电子在空间运动状态的数学函数式，是表示微观实物体系在一定条件下状态的形式。波函数本身没有明确的物理意义，但粒子运动在某一时间某一点的波函数平方的绝对值有明确的物理意义：核外空间某处出现电子的概率和波函数平方的绝对值成正比，在微体积 dv 中发现电子的概率 dw 表示为

$$dw = |\Psi^2| dv \quad (2-15)$$

若对电子衍射后的照片进行分析，我们会发现即使用很弱的电子流，只要时间足够长，也会观察到衍射环，在密集的地区，电子出现的概率较高；在稀薄的地区，电子出现的概率较低。

氢原子是一个简单的原子模型，它由一个带正电的质子（构成氢原子核）和一个带负电的电子组成。其电势能 U 仅取决于两电荷相隔的距离 r，即

$$U = -\frac{1}{4\pi\varepsilon_0} \times \frac{e^2}{r} \quad (2-16)$$

式中，ε_0 为真空介电常数。

当两电荷相距无限远时，势能为零。将式（2-16）代入式（2-15）中，可求出这个方程的解：

$$E_n = -\frac{me}{8\varepsilon_0^2 h^2} \times \frac{1}{n^2} = -13.6 \frac{1}{n^2} \quad (2-17)$$

式中，h 为普朗克常数，h=6.624×10^{-34} J·s；e 为电子电荷，e=1.602×10^{-19} C；

ε_0 为真空介电常数，$\varepsilon_0 = 8.854 \times 10^{-12}$ F/m；m 为电子质量，$m = 9.108 \times 10^{-31}$ kg；n 为主量子数，$n=1$，2，3…

由此可见，电子在原子核势场作用下只能处在这样的不连续能量状态，其值由主量子数 n 决定，并与 n^2 的倒数成正比。n 愈大，能级间距愈小；当 $n=\infty$ 时，电子的能量为零，电子就不受束缚。图 2-2 为氢原子能级图。E 与电子基态能量 E_0 之差称为电离能。

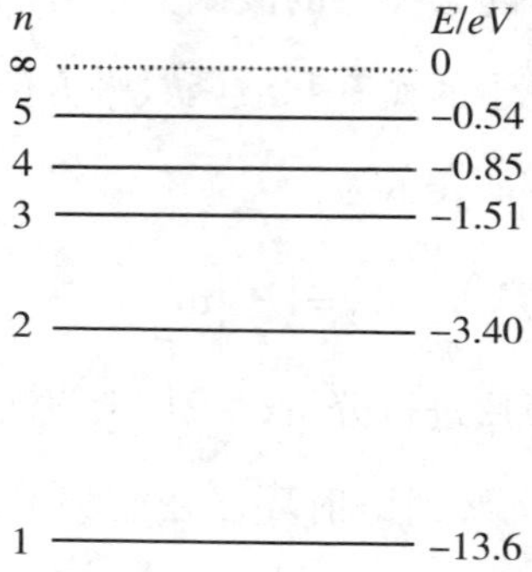

n	E/eV
∞	0
5	−0.54
4	−0.85
3	−1.51
2	−3.40
1	−13.6

图 2-2 氢原子能级图

氢原子的电离能为

$$-E_1 = -\frac{me}{8\varepsilon_0^2 h^2} \times \frac{1}{n^2} = -13.6 \text{eV} \qquad (2-18)$$

在多电子的原子中，电子的能量也是不连续的，它们分布在不同能级上。这种按层分布称为电子壳层，以主量子数 n 来标态。n 为 1 时，电子距核最近，受核引力最大，E 值最小，故能量最低，称为 K 壳层。n 为 2 时，电子距核稍远，能级较高，称 L 壳层，依此类推，后面称为 M、N、O……n 愈大，能级愈高。

电子绕核运动不仅具有一定能量，而且也具有一定的角动量。量子力学已证明，这种角动量 P 也必定是量子化的，即

$$P = \frac{h}{2\pi}\sqrt{l(l+1)} \quad (2-19)$$

因角动量 P 只与量子数 l 有关，故通常称 l 为角量子数。按光谱学的习惯，将 $l=0$，1，2，3…的状态称为 s，p，d，f…状态。具有不同角量子数 l 的电子，在空间各方向的分布状态不同。

如果在磁场 H 中进行实验，则电子轨道运动角动量 P 不仅在数值上不能任意取值，而且相对于磁场方向的取向也不能任意选择。电子力学证明，角动量 P 沿磁场方向的分量 P_z 为

$$P_z = m\frac{h}{2\pi} \quad (2-20)$$

式中，m 称为磁量子数，它决定了轨道角动量在空间的方位。对一个角量子数 l，m 的可能值为 0，±1，±2，…，±l，共有（$2l+1$）个不同的值。例如，s 电子只有 1 个状态，p 电子则有 $2l+1=3$ 个不同的状态，对应于 $m=0$，±1。

电子除绕核运动外，还有自旋运动。研究指出，在多电子的原子中，电子的分布必须遵从以下两个基本原理。

（1）泡利不相容原理：在一个原子中不可能有运动状态完全相同的两个电子；或者说在同一原子中，最多只能有两个电子处于同样能量状态的轨道上，而且这两个电子的自旋方向必定相反。由这个原理可计算得到，主量子数为 n 的壳层中最多容纳 $2n^2$ 个电子。当 $n=1$ 时最多容纳两个电子，$n=2$ 时最多容纳 8 个电子，依次类推。这从理论上说明了周期表的结构特点（表 2-4）。

表 2-4 电子壳层的轨道和电子数

壳层	n	m	轨道	轨道的最大电子数	完整壳层的最大电子数
K	1	0	s	2	2
L	2	0 −1, 0, 1	s p	2 6	8
M	3	0 −1, 0, 1 −2, −1, 0, 1, 2	s p d	2 6 10	18
N	4	0 −1, 0, 1 −2, −1, 0, 1, 2 −3, −2, −1, 0, 1, 2, 3	s p d f	2 6 10 14	32

（2）能量最低原理：原子核外的电子是按能级高低而分层分布的，在同一电子层中电子的能级依 s、p、d、f 的次序增大。核外电子在稳定态时，电子总是按能量最低的状态分布，即从 1s 轨道开始，按照每个轨道中只能容纳两个自旋相反的电子这一规律，依次分布在能级较低的空轨道上，一直加到电子数等于原子的核电荷数 Z 为止。

在钙之后，出现了第一过渡金属系钪、钛、钒、铬、锰、铁、钴、镍。在这些元素中，当一个或两个电子已经进入更外面的一层轨道（如 4s）之后，再增加的电子却进入较里面的一层轨道如 3d。这是因为在这一系列过渡元素中，4s 电子的能量低于（但接近于）3d 电子的能量。由此不仅使这些元素的原子价是可变的，而且也引起合金化时性质的显著变化。过渡元素的合金中原子之间相互作用很容易使电子的能态发生变化。

在电子填充到镧（Z=57）原子时，电子开始进入 5d 能级。这似乎预示着有一个新的过渡系出现，但实际上由于核电荷的增加使 4f 能级比 5d 还低。4f 能级可以容纳 14 个电子，恰好对应 14 个稀土元素。因为这些元素的离子具有相同的外层电子配态 $5s^25p$，所以决定了它们具有相似的化学性质，使这些元素相互间比较难以分离。

2.2.3.2 原子中电子的稳定性

原子中某一主壳层的最大电子数目只能为 2（2l+1），总的电子数为

$$电子数 = \sum_{i=0}^{n-1} 2(2l+1) \qquad (2-21)$$

原子的最外壳为 K 壳层时，可容纳 2 个电子，L 壳层可容纳 8 个电子，M、N、P 壳层均最多各为 8 个电子时是稳定的。如果最外层的电子填满，此时，这些电子或原子极为稳定，称为稀有气体。如氢、锂、钠、钾等，这些元素最外层壳层中仅有一个电子，这个电子很容易与其他原子交换，所以这些元素极不稳定。

2.3 原子之间相互作用和结合

在自然界，单原子很少独立存在，它们通常以原子团的形式结合在一起，形成各种物质。同种原子组成的物质称为单质，异种原子组成的物质称为化合物，自然界中纯单质是很少的，更多的是化合物。当人们掌握了各种原子相互结合的规律后，就可以合成出很多对人类有用的物质，也可以在自然界千万种化合物中提取有用的元素。

物质都是由原子或分子结合而成的。不论什么物质，其原子结合成分子或固体的力（结合力），从本质上讲都起源于原子核和电子间的静电交互作用（库仑力）。要计算结合力，就需要知道外层电子（价电子）围绕各原子核的分布。根据电子围绕原子的分布方式，可以将结合键分为 5 类：离子键、共价键、金属键、分子间作用力和氢键。虽然不同的键对应着不

同的电子分布方式，但它们都满足一个共同的条件，即键合后各原子的外层电子结构要成为稳定的结构，也就是类似稀有气体的原子外层电子结构。由于"八电子层"结构是最普遍、最常见的稳定电子结构，因此可以说，不同的结合键代表实现八电子层结构的不同方式。其结合方式有两大类型，即基本结合和派生结合。基本结合包括离子键、共价键、金属键；派生结合包括分子、氢键。前者涉及电子的交换，又称化学键合；后者不产生电子的交换，又称物理结合。但原子结合时，原子之间的吸引力仍属于电场力作用。

有一些物质，如氯化钠、硅和铜，有很高的熔点，这表明它们在固体状态下有很强的键合。这三种材料是三类主要化学键合的典型例子：离子键合（氯化钠）、共价键合（硅）和金属键合（铜）。在这三类结合中，都存在电子的交换，这些电子称为价电子。

2.3.1 离子键合

离子键是释放出最外壳层的电子变成带正电荷的原子（正离子），与接收其放出的电子变成带负电荷的原子（负离子）相互之间的吸引作用（库仑引力）所形成的一种结合。随着正、负离子逐渐接近，离子的电子云开始互相排斥，当吸引和排斥作用相等时则形成稳定的离子键，离子键没有方向性和饱和性。正、负离子通过静电引力（库仑引力）结合成所谓离子型化合物或离子晶体，因此，离子键又称极性键。

典型的金属元素与非金属元素就是通过离子键而化合的。此时金属原子的外层价电子转移到非金属原子的外层，从而形成外层都是"八电子层"的金属正离子和非金属负离子。

离子化合物是电中性的，即正电荷数等于负电荷数。典型的离子化合物有氯化钠、氯化镁等。这种引力通过作用于相邻的原子，使原子互相发生作用，从而构成一个整体。例如钠与氯相接时，钠原子释放出最外壳层的1个电子，变成稳定的带有1个正电荷的正离子（阳离子）。而氯原子的最外壳层有7个电子，它收容钠原子放出的1个电子之后变为有8个电子而达到稳定，因此氯原子带有负电荷，成为负离子（阴离子）。如图2-3所示，正、负离子相吸引使两种原子结合在一起。

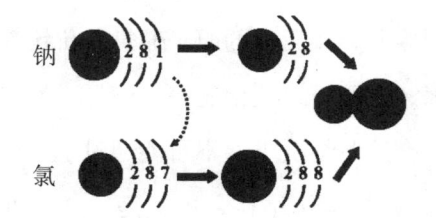

图2-3 氯化钠的离子键合

由于正、负离子互相吸引达到静力平衡，故钠离子与氯离子配位，形成立方体结构，如图2-4所示。由离子键结合的物质，在溶液中离解成离子。

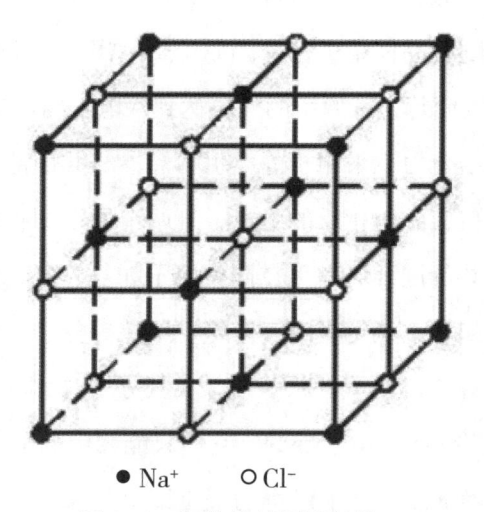

● Na^+ ○ Cl^-

图2-4 氯化钠的原子结构

离子键的形成，与中性原子形成离子的难易和离子形成晶体时的堆积方式有关。在离子型化合物的生成过程中，晶格能的变化很大。

2.3.2 共价键合

共价键合是两个原子共有最外层电子的键合。为实现共用电子云的最大重叠，这种键合既有饱和性，又有方向性。

在周期表中，同族非金属元素的原子通过共价键而形成分子或晶体。典型的例子有氢、氟、金刚石、碳化硅等。此外，许多碳－氢化合物也是通过共价键结合的。在这些情况下，不可能通过电子的转移使每个原子外层成为稳定的八电子（或 $1s^2$）结构，也就是说，不可能通过离子键而使原子结合成分子或晶体。然而，相邻原子通过共用电子对或对价电子，却可以使各原子的外层电子结构都成为稳定的八电子（或 $1s^2$）结构。例如，形成氢分子时2个氢原子都通过共用一对电子获得了 $1s^2$ 的稳定外层结构。同样，两个氧原子通过共用两对价电子获得八电子的稳定结构，形成稳定的氧分子。在金刚石晶体中，每个碳原子贡献出4个价电子，和4个相邻的碳原子共用，因而每个碳原子的外层达到八电子的稳定结构。

共价键合的结合力也来源于静电引力。参与共价键合的两个原子相应轨道上各有一个自旋方向相反的电子，当两个原子的吸附力保持在均衡位置时达到稳定。共价键合可发生在同类原子如氢、氧、氮分子；也可发生在异类原子中，如水、氟化氢、气体氨、甲烷等分子。氢分子是同类原子中最简单的共价键合，两个氢原子结合成氢分子时，没有一个原子能完全占有成键电子而形成闭合电子层的，它们只能共用电子。

共有电子对称地分布于两个原子之间，此种共价键便称为非极性（或均匀极性）共价键；反之，共用电子对不是对称地分布于两个原子之间，而是靠近某原子（因为它们对电子的引力更强），此种共价键便称为极性共价键。如果此时分子中正、负电荷中心不重合，这种分子便称为极性分子。

2.3.3 金属键合

金属原子的外层价电子数比较少（通常 s、p 价电子数少于 4），而金属晶体结构的配位数却很高（高于 6），因此金属晶体中各原子不可能通过电子转移或共用电子而达到八电子的稳定结构。金属晶体中各原子的结合方式是通过金属键，即各原子都贡献出其价电子而变成外层为八电子的金属正离子，所有贡献出来的价电子则在整个晶体内自由地运动（故称为自由电子），或者说，这些价电子是为所有金属原子（正离子）所共用。金属晶体的结合力就是价电子集体（又称自由电子气）与金属正离子间的静电引力，有人形象地将自由电子气比作"胶黏剂"，它将金属正离子牢牢地粘在一起。金属键合是通过游离电子用库仑引力将原子结合到一起的键合，如图 2-5 所示。

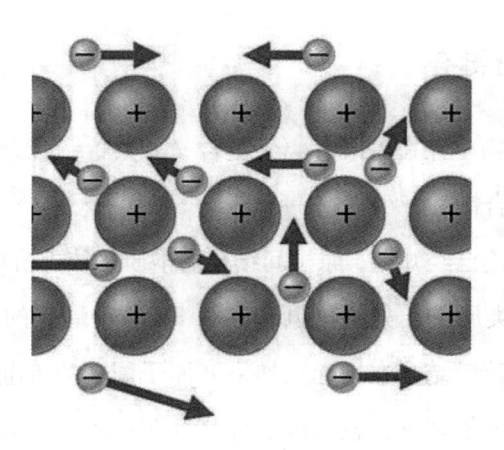

图 2-5 金属键模型

金属键也是引力和斥力对立的统一。因为金属正离子之间和电子云之间存在斥力，所以不能靠得太近。当金属原子的间距达到某个值时，引力和斥力达到平衡，组成稳定的晶体。这时，金属离子在其平衡位置附近振动。金属键也可以看成由许多原子共用许多电子的一种特殊形式的共价键。但又与共价键不同，金属键不具有方向性和饱和性。在金属中，每个原子将在空间允许的条件下，与尽可能多数目的原子形成金属键。这一点说明，金属结构一般总是按紧密的方式堆积起来，具有较大的密度。

在金属键合中，价电子不是紧密地结合在离子对上，它不会在任一特定原子附近长期停留，而是以混乱的方式在整个金属内漂移。因此不能形成强的电子对键，而且金属键合也只发生在大集体中。

金属的热导率和电导率之所以大，主要是由于自由电子的存在。此外，金属具有相当高的强度，大的范性形变性质（可塑性）和不透光性也是由金属的游离电子引起的。而硅酸盐材料（陶瓷、玻璃等）因为是共价键或共价键与离子键以共振状态相结合的，当化学键断开之后便互相分离，不会像金属那样显示出范性变形。

2.3.4 混合键合

在某些化合物中存在着既有离子键合又有共价键合，即介于离子键和共价键之间的混合键。

从前面的讨论已经知道，原子间结合的本质是核外价电子行为决定的。假定有 A、B 两类原子，如果价电子在 A、B 原子周围的电荷密度大小是相等的，就以共价键结合在一起；如果 B 原子周围的价电子密度大大超过 A 原子周围的价电子密度，就以离子键结合在一起。元素的原子在化合物中把电子引向自己的能力叫作元素的电负性。以共价键结合的两元素的电负性相等或接近，而以离子键结合的两元素的电负性差别较大。所以，比较不同元素间电负性之差，就可大体看出它们形成化合物时，离子键的成分有多大比例。

图 2-6 展示了一些元素的电负性，表 2-5 为电负性差值与离子性结合的关系。

H 2.1														
Li 1.0	Be 1.6									B 2.0	C 2.5	N 3.0	O 3.5	F 4.0
Na 0.9	Mg 1.2									Al 1.5	Si 1.8	P 2.1	S 2.5	Cl 3.6
K 0.8	Ca 1.0	Sc 1.3	Ti 1.5	V 1.6	Cr 1.6	Mn 1.5	Fe 1.8	Co 1.9	Ni 1.9	Cu 1.9	Zn 1.6	Ga 1.6	Ge 1.8	As 2.1	Se 2.5	Br 2.8
Rb 0.8	Sr 1.0	Y 1.2	Zr 1.4	Nb 1.6	Mo 1.8	Te 1.9	Ru 2.2	Rh 2.2	Rd 2.2	Ag 1.9	Cd 1.7	In 1.7	Sn 1.8	Sb 1.9	Te 2.1	I 2.5
Cs 0.7	Ba 0.8	La 1.1	Hf 1.3	Ta 1.5	W 1.7	Re 1.9	Os 2.2	Ir 2.2	Pt 2.2	Au 2.4	Hg 1.9	Tl 1.8	Pb 1.8	Bi 1.9	Po 2.0	At 2.2

图 2-6 元素的电负性

表 2-5 元素电负性差值与离子性结合的关系

电负性差值	0.2	0.4	0.6	0.8	1.0	1.2	1.4	1.6	1.8	2.0	2.2	2.4	2.6	2.8	3.0	3.2
离子性结合	1	4	9	15	22	30	39	47	55	63	70	76	82	86	89	92

2.3.5 派生结合（物理键合）

物理键合有分子间作用力、氢键等。物理键合的作用力也是库仑引力，但在键合过程中不存在电子的交换，是电子在其原子或分子中的分布受到外界条件的影响，产生分布不均匀的现象，而引起原子或分子的极性结合。

物理键合的大小直接影响物质的许多物理化学性质，如熔点、沸点、溶解度、表面吸附等。

2.3.5.1 分子间作用力

分子间作用力又称分子键，是电中性的原子或分子之间的非化学键长程作用力。所有稀有气体原子在低温下就是通过分子间作用力而结合成晶体的。分子间作用力使分子结合成分子晶体（分子键的名称即由此而来）。图2-7展示了卤族元素晶体的结构。

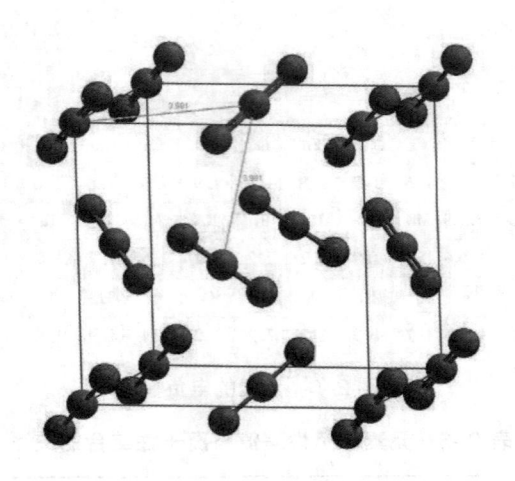

图2-7 卤族元素晶体结构

分子间作用力按原因和特性可分为三部分：取向力、诱导力和色散力。

1. 取向力

取向力为极性分子永久偶极相互作用所产生的引力，其本质是静电引力。

取向力与下列因素有关：①与分子的偶极矩的平方成正比，即分子的极性越大，取向力越大；②与绝对温度成反比，温度越高，取向力越弱；③与分子间距离的6次方成反比，随分子间距离增大，取向力迅速递减。

2. 诱导力

在极性与极性分子之间，除了取向力外，由于极性分子的相互影响，每个分子也会发生变形，产生诱导偶极，其结果是使极性分子的偶极矩增大，进而导致极性分子之间出现了除取向力以外的吸引力，即诱导力。此外，诱导力也会出现在离子与分子和离子与离子之间。与取向力一样，诱导力的本质也是静电引力。

诱导力与下列因素有关：①与极性分子偶极矩的平方成正比。②与被诱导分子的变形性成正比。通常，分子中原子核的外层电子壳越大（含重原子越多），则其在外来静电力的作用下越容易变形。③与分子间距离的六次方成反比，随距离增大，诱导力迅速衰减。但诱导力与温度无关。

3. 色散力

色散力可看作电中性原子与非极性分子的瞬时偶极矩相互作用的结果。色散力存在于一切极性的与非极性的分子中，是分子间作用力中最普遍、最主要的一种力，在非极性高分子中，色散力甚至占分子间力的80%～100%。色散力具有加和性和普遍性。虽然一般小分子的色散作用能较小，但由于色散力的加和性，随相对分子质量增加，色散力增大。因此，高分子间的色散力非常大，有时甚至可能超过其主价力。

色散力与下列因素有关：①相互作用分子的变形性越大，色散力越大；②相互作用分子的电离势越低，色散力越大；③色散力与分子间距离的六次方成反比。但色散力与温度无关。

2.3.5.2 氢键结合

氢键是一种特殊类型的物理键，它比分子间作用力键或永久偶极键要强得多，但比化学键弱。在氟化氢、水、氨等物质中，分子内都是通过极性共价键结合的（见前面关于共价键的讨论），而分子之间则是通过氢键连接的。

图 2-8 是水的结构示意图。由于氢、氧原子间的共用电子靠近氧原子而远离氢原子，又由于氢原子除去一个共价电子外就剩下一个没有任何核外电子作屏蔽的原子核（质子），于是这个没有屏蔽的氢原子核就会对相邻水分子中的氧原子外层未键合电子产生较强的静电引力（库仑引力），这个引力就是氢键，如图 2-8 中的虚线所示。氢键将相邻的水分子连接起来，起着桥梁的作用，故又称氢桥。

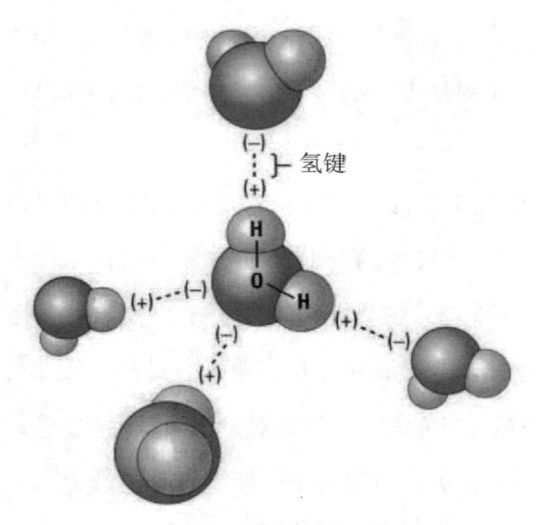

图 2-8　水的结构示意图

从上面的讨论可知，形成氢键必须满足以下两个条件：①分子中必须含氢；②另一个元素必须是电负性很强的非金属元素，如氟、氧、氮（它们都是其所在族的第一个元素），这样才能形成极性分子，同时形成一个裸露的质子。

因分子有确定的几何形状，因此氢键结合是有方向性的，由于氢键比分子间作用力强，所以氢键结合的物质，其液态的稳定温度范围比以分子间作用力结合的更宽。氢键基本上还是属于静电吸引作用，它的键能一般在 41.84 kJ·mol^{-1} 以下，比化学键的键能要小得多，和分子间作用力的数量级相近，所以通常说氢键是较强的有方向的分子间作用力。氢键与分子间作用力有两点不同：饱和性和方向性。

有氢键的物质很多，如水、氨、羧酸、无机酸、水合物、氨合物等。在生命体中具有意义的基本物质（蛋白质、脂肪、糖）都含有氢键。氢键主要存在于固体和液体中。

2.4 各种键型的比较

从上面的讨论可以看出，离子键、共价键和金属键都牵涉原子外层电子的重新分布，这些电子在键合后不再仅仅属于原来的原子，因此，这三种键都称为化学键；相反，在形成分子键和氢键时，原子的外层电子分布没有变化或变化极小，它们仍然属于原来的原子（仍然绕原来的原子核运动），因此，这两种键就称为物理键。

一般来说，在化学研究中，为了便于表示和比较不同物质在标准大气压（101.3 kPa）和室温（298 K）条件下原子间的相互作用强度，通常采用"键能"这一概念。键能定义为在 101.3 kPa 和 298 K 条件下，将 1 mol AB（理想气体，标准状态）分解为 A 和 B 所需的能量变化，也称为 AB 键的标准键离解能。这一能量变化通常用 ΔH（AB）表示。

各种类型的键在键合时伴随能量的改变（放出或吸收），每摩尔放出的能量的大小表示结合的强弱。各种键型所列物质的结合键能见表 2-6。

表 2-6 各种键型的键能比较

键的类型		物质	键能/(kcal·mol^{-1})	能量的类别
基本结合	离子键	NaCl	184.6	键合能
		KCl	168.6	
		NaF	217.5	
		LiCl	178.1	
	共价键	金刚石	170	凝聚能
		硼	115	
		SiC	283	
		水晶	406	
	金属键	Na	25.9	升华热
		Au	68.0	
		Fe	94	
		W	120	
派生结合	分子间作用力	Ne	0.52	升华热
		He	0.052	
		H$_2$	2.44	
		O$_2$	1.74	
	氢键	H$_2$O	12.2	
		NH$_3$	8.4	

从表 2-6 中可见化学键能较大，物理键能较小。在化学键中，以金属键能为最小，在所有键合中以分子间作用力最小。这就是金属具有范性形变和能进行喷涂，以及稀有气体在低温下凝聚容易升华的原因。

2.5 原子间距和空间排列

虽然在双原子分子的情况下只有两个原子的键合和配位，但大部分材料是由许多原子配位而成的整体结构。前面所讨论的原子间吸引力将原子拉在一起，但是什么因素使原子避免继续靠近。从以前的图形和讨论可以明显地看到：一个原子中，在核的周围有非常大的"空间"。例如，中子能穿过核反应堆中的燃料和其他材料，在众多原子间运动直至最终停止，这个现象就证明了这种空间的存在。

除了前面叙述过的原子间吸引力外，还存在原子间斥力，原子之间的空间是由原子间的斥力引起的。当两个原子过于接近时，许多电子处于相互作用的区域，从而相互排斥。原子间斥力和引力达到平衡时，原子间的距离就是平衡间距。

2.5.1 原子间斥力和引力

通常用离子键来说明材料中引力和斥力的平衡。

两个点电荷间产生的库仑引力 F_c 与带电势 Z_1q 和 Z_2q，以及两者之间的距离 a_{1-2} 有关，其关系如下：

$$F_c = \frac{-K(Z_1q)(Z_2q)}{a_{1-2}^2} \quad (2-22)$$

式中，Z 为价数（+ 或 −）；q 是电荷量，约为 1.6×10^{-19} C；比例常数为 K，它取决于所使用的单位制。

两个原子或离子的电场间的斥力 F_R 也是距离的反函数，但是其幂次较高：

$$F_R = \frac{-bn}{a_{1-2}^{n+1}} \qquad (2-23)$$

式中，b 和 n 分别为经验常数，在离子固体中，n 近似为 9。

比较起来，$F_C \propto a^{-2}$，而 $F_R \propto a^{-10}$，因此，当原子间距较大时，引力占优势，而当原子间距较小时，斥力占优势。如果增大间距，就需要张力来克服占优势的引力；相反，要使原子更加靠近，就要施加压力以抵抗迅速增加的电子斥力。

对于一对给定的原子或离子，平衡间距是一个十分特定的距离。当温度和其他因素控制得较好时，用 X 射线衍射可以测量到 5 位有效数。如果要使这一距离拉长或压缩 1%，需要施加很大的力。例如，根据杨氏模量，铁的应力需达到 2 000 MPa。正是由于这个原因，在讨论有关强度和原子排列的问题时，将原子视为硬球是一个有用的模型。

2.5.2 原子半径和离子半径

两个相邻原子中心的平衡距离可以认为是两个原子的半径之和，由此可定义单质金属中的原子半径为 $\frac{1}{2}$ 平衡间距，离子晶体中平衡间距为正、负离子半径之和。两相邻原子之间能量为最小值时的距离（即平衡间距）就是键长。例如在金属铁中，室温时两个原子中心间的平均距离为 0.248 2 nm。既然两个原子是相同的，那么铁的原子半径就是 0.124 1 nm。

有以下 3 个因素能改变原子中心之间的距离。

2.5.2.1 温度

当能量增加时，原子平均距离也将增大，这说明了材料具有热膨胀性。

2.5.2.2 离子价

二价铁离子（Fe^{2+}）的半径为 0.074 nm，它小于金属铁原子的半径，如图 2-9 所示。由于二价铁离子已经失去了 2 个外层价电子，余下的 24 个电子将被仍保持 26 个正电荷的核拉得更紧。当再失去一个电子而成为三价铁离子（Fe^{3+}）时，可以看到原子间距将进一步减小 [图 2-9（c）]。三价铁离子的半径为 0.064 nm，即只有金属铁原子的一半。

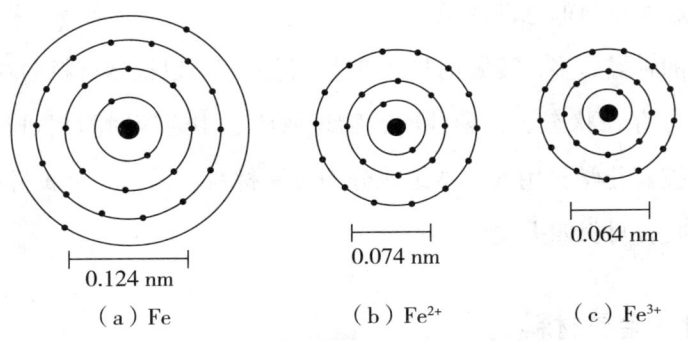

（a）Fe　　　　（b）Fe^{2+}　　　　（c）Fe^{3+}

图 2-9　原子和离子的半径示意图

在负离子的情况下，由于围绕核的电子数多于核中的质子数，因此，核对附加电子的吸引不像对原有电子那样紧密。负离子的半径大于相应的原子，且随离子价增加而增大。

2.5.2.3 相邻原子的数目

当铁原子与 8 个铁原子接触时（这是室温下的正常排列），铁的原子半径为 0.124 1 nm。如果原子重新排列，使 1 个铁原子与另外 12 个铁原子接触，则每个原子的半径将略增至 0.127 nm。相邻原子数越多，来自邻近原子的电子斥力也越大，从而原子间距也增大。

2.6 材料的组成及结构

材料是人类社会赖以生存的物质基础和科学技术发展的技术先导。本书主要从材料科学与工程一级学科的层次上阐述材料的分类方法，了解材料组成、结构、性质、工艺及其与环境的关系，认识材料的基本性质，了解材料的基本用途及其在使用中的环境行为效应，掌握选择材料的基本原则，建立起对材料的感性认识。

材料的种类繁多，发展也非常迅速，但人们可以根据材料的基本组成、性质特征、存在状态、物理性质、物理效应、用途等对材料进行分类。

材料按其化学作用或基本组成分为金属材料、无机非金属材料、高分子材料和复合材料四大类。

2.6.1 金属材料

金属材料是由元素周期表中的金属元素组成的材料，可分为由一种金属元素构成的单质（纯金属）、由两种或两种以上的金属元素或金属与非金属元素构成的合金。合金又可分为固溶体和金属间化合物。

2.6.1.1 纯金属

除 Ne、Ar 等 6 种惰性元素和 C、Si、N 等 16 种非金属元素外，其余为金属元素。在金属元素中有 Li、Na、K、Ca 等 16 种碱金属和碱土金属，Be、Mg、Al 等 3 种轻金属，Fe、Co、Ni、Mn 等 4 种铁族金属，Zn、Cd、Sn、Sb 等 12 种易熔金属，W、Mo、V、Ti 等 11 种难熔金属，Cu、Ag、Au、Pt 等 9 种贵金属，Ce、La、Nd 等 16 种稀土金属，U、Th、Pa、Pu 等 15 种铀族金属。除 Hg 之外，单质金属在常温下呈现固体形态，外观不透明，具有特殊的金属光泽及良好的导电性和导热性。在力学性质方面，单质金属具有较高的强度、刚度、延展性及耐冲击性，因此，金属主要使用于结构或承载方面。纯金属使用范围较窄，很多情况下使用的是合金。

2.6.1.2 合金

合金是由两种或两种以上的金属元素或金属元素与非金属元素形成的，具有金属特性的新物质。由于合金具有金属特征，故在广义上也称为金属。合金的性质与组成合金的各个相的性质有关，同时也与这些相在合金中的数量、形状及分布有关。

1. 固溶体

当合金的晶体结构保持溶剂组元的晶体结构时，这种合金称为固溶体。根据溶质原子在溶剂晶体结构中的位置，固溶体可分为置换固溶体和间隙固溶体。在置换固溶体中，溶质原子位于溶剂晶体结构的晶格格点上；在间隙固溶体中，溶质原子位于溶剂晶体结构的晶格间隙。

溶质原子在固溶体中的分布可以是随机的，即呈统计分布；也可以是部分有序或完全有序。在完全有序固溶体中，异类原子趋于相邻，这种结构亦称为超点阵或超结构。此外，合金中溶质原子还可能形成丛聚，即同类原子趋于相邻。丛聚可以呈随机弥散分布。事实上，实验中还没有见到溶质原子成完全随机分布的固溶体。因此，只能在宏观尺度上认为处于热力学平衡态的固溶体是真正均匀的，而在原子尺度上并不要求它也是均匀的。不同类型固溶体中原子排列情况如图 2-10 所示。

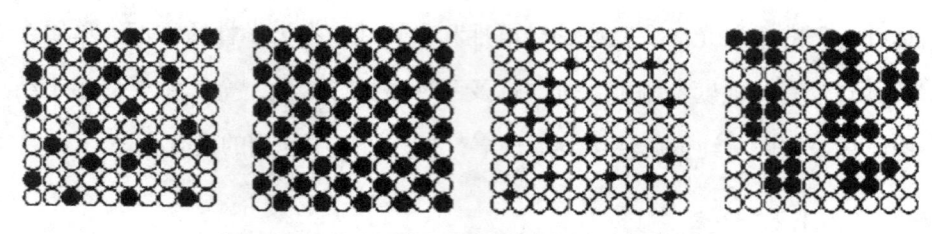

图 2-10　不同类型固溶体中原子排列示意图

2. 金属间化合物

金属元素与其他金属元素或非金属元素之间形成合金时，除固溶体外，还可能形成金属间化合物。金属间化合物可分为三类：由负电性决定的原子价化合物（简称"价化合物"）、由电子浓度决定的电子化合物（亦称为电子相），以及由原子尺寸决定的尺寸因素化合物。除了这三类由单一因素决定的典型金属间化合物外，还有许多金属间化合物，其结构由两个或多个因素决定，称为复杂化合物。

（1）价化合物是指符合原子价规则的化合物，也就是正负离子通过电子的转移（离子键）或电子的共用（共价键）而形成稳定的八电子组态的化合物。按照结合键的性质，价化合物可分为离子化合物、共价化合物、离子-共价化合物。在离子-共价化合物中，价电子既没有从正离子转到负离子，也不是位于两种离子的中间位置，而是偏向于或更接近于一种离子。按照价电子是否都是键合电子，价化合物又可分为正常价化合物和一般价化合物，前者的价电子都是键合电子，后者只有部分价电子是键合电子。

正常价化合物一般是由元素周期表中相距较远、电化学性质相差较大的两元素所形成的，其特点是元素化合符合一般化合物的原子价规律、成分固定，并可用化学式表示（如 Mg_2Si、Mg_2Sn，Mg_2Pb 等）。由于价化合物的结合键主要是离子键或共价键，故这类化合物主要呈现非金属性质或半导体性质，即正常价化合物一般具有较高的硬度和脆性，在合金中如能弥散分布在固溶体基体上，将使合金得到强化。正常价化合物在合金中数量较少。

（2）电子化合物是指具有一定或近似一定的电子浓度值，且结构相同或密切相关的相。电子化合物中各元素不按正常的化合价规律化合，而按价电子数与原子数的一定比值（即一定的电子浓度）化合。电子化合物中一定的电子浓度对应有一定的晶格类型。价电子浓度为 $\frac{3}{2}$ 的电子相有三种可能结构，即 BBC 结构、复杂立方的 β-Mn 结构和密排六方结构。这表明，即使对电子相，其电子浓度 $\frac{e}{a}$（合金中价电子数与原子数之比）也不是决定结构的唯一因素。电子相是典型的金属间化合物，而不是化学意义上的化合物，将它表示成具有特定的 $\frac{e}{a}$ 值的化学式并没有多大意义。电子化合物具有高的硬度，但塑性差，是合金中重要的强化相。电子化合物常见于有色金属合金中。

（3）尺寸因素化合物的晶体结构主要取决于组成元素的原子半径比。它包括两类：一类是由金属与金属元素形成的密排相；另一类是金属与非金属元素形成的间隙相。

密排相分为几何密排相（GCP 相）和拓扑密排相（TCP 相）。几何密排相是由密排原子面（FCC 晶体中 {111} 面或 HCP 晶体中 {001} 面）按一定次序堆垛而成的结构。堆垛次序可以有多种，如 ABCABC…（c 型）、ABABAB…（h 型）、ABCACB…（cch 型）等。几何密排相中的近邻原子彼此相切，配位数为 12，结构中有两种间隙：四面体间隙和八面体间隙。拓扑密排相是由密排四面体按一定次序堆垛而成的结构。每个四面体的 4 个顶点均被同一种原子占据，且彼此相切。不同种类原子所占的四面体，其大小和形状不相同，可以是规则的，也可以是不规则的。

间隙化合物（或间隙相）是由原子半径较大的过渡金属元素（Fe、

Cr、Mn、Mo、W、V等）和原子半径较小的非（准）金属元素（B、C、N、Si等）形成的金属间化合物。间隙相可分为简单间隙相和复杂间隙相两类，由非（准）金属元素X与过渡族金属元素M原子半径比所决定。

当原子半径比小于等于0.59时，化合物形成结构简单的间隙相，并具有简单的化学式MX、M、X，如TiC、WC、VC等。当原子半径比大于0.59时，化合物形成结构复杂的间隙相。这里M可以是一种金属元素，如Fe_3C，也可以是两种或多种金属元素，如(Fe，Mn)：C和(Fe，Cr)：C。后两种化合物可以看成Mn、Cr置换部分Fe原子而固溶在Fe_3C中。

间隙化合物，特别是简单的间隙化合物具有很高的熔点和硬度，而且十分稳定，是合金的重要强化相。例如，碳钢中的Fe_3C能够显著提高钢的强度和硬度。

2.6.2 无机非金属材料

无机非金属材料是由硅酸盐、铝酸盐、硼酸盐、磷酸盐、锗酸盐等原料和氧化物、氮化物、碳化物、硼化物、硫化物、硅化物、卤化物等原料经一定的工艺制备而成的材料，是除金属材料、高分子材料以外所有材料的总称。它与广义的陶瓷材料有等同的含义。无机非金属材料种类繁多，用途各异，目前还没有统一完善的分类方法。一般将其分为传统的（普通的）和新型的（先进的）无机非金属材料两大类。

传统的无机非金属材料主要是指由SiO及其硅酸盐化合物制成的材料，包括陶瓷、玻璃、水泥和耐火材料等。此外，搪瓷、磨料、铸石（辉绿岩、玄武岩等）碳素材料，非金属矿（石棉、云母、大理石等）也属于传统的无机非金属材料。

新型无机非金属材料是用氧化物、氮化物、碳化物、硼化物、硫化物、硅化物，以及各种无机非金属化合物经特殊的先进工艺制成的材料，主要包括先进陶瓷、非晶态材料、人工晶体、无机涂层、无机纤维等。

2.6.2.1 陶瓷

陶瓷按其概念和用途不同，可分为两大类：普通陶瓷和特种陶瓷。普通陶瓷即传统陶瓷，是指以黏土为主要原料，与其他天然矿物原料经过粉碎混炼、成型、煅烧等过程而制成的各种制品，包括日用陶瓷、卫生陶瓷、建筑陶瓷、化工陶瓷、电瓷以及其他工业用陶瓷。特种陶瓷是用于各种现代工业及尖端科学技术领域的陶瓷制品，包括结构陶瓷和功能陶瓷。结构陶瓷具有耐磨损、高强度、耐高温、耐热冲击、硬质、高刚性、低膨胀、隔热等特点。功能陶瓷包括装置瓷（即电绝缘瓷）、电容器陶瓷、压电陶瓷、磁性陶瓷（又称铁氧体）、导电陶瓷、超导陶瓷、半导体陶瓷（又称敏感陶瓷）、热学功能陶瓷（热释电陶瓷、导热陶瓷、低膨胀陶瓷、红外辐射陶瓷等）、化学功能陶瓷（多孔陶瓷载体等）、生物功能陶瓷等。

根据陶瓷坯体结构及其基本物理性能的差异，陶瓷制品可分为陶器和瓷器。陶器包括粗陶器、普陶器和细陶器。陶器的坯体结构较疏松，致密度较低，有一定吸水率，断口粗糙无光，没有半透明性，断面呈面状或贝壳状。瓷器包括炻瓷器、普通瓷器和细瓷器。相对于陶器而言，瓷器的坯体结构较致密，吸水率≤3%，普通瓷器（特别是薄的瓷器）具有一定透光性。

2.6.2.2 玻璃

玻璃是由熔体过冷所制得的非晶态材料。

根据其形成网络的组分不同可分为硅酸盐玻璃、硼酸盐玻璃、磷酸盐玻璃等，其网络形成剂分别为 SiO_2、B_2O_3 和 P_2O_5。

在使用习惯上，玻璃态材料可分为普通玻璃和特种玻璃两大类。普通玻璃是指采用天然原料，能够大规模生产的玻璃。普通玻璃包括日用玻璃、建筑玻璃、光学玻璃和玻璃纤维等。特种玻璃（亦称新型玻璃）是指采用精制、高纯或新型原料，通过新工艺在特殊条件下或严格控制形成过程制成的一些具有特殊功能或特殊用途的玻璃。特种玻璃包括 SiO_2 含量在 85% 以上或 55% 以下的硅酸盐玻璃、非硅酸盐氧化物玻璃（硼酸盐、磷酸盐、锗酸盐、氧氮玻璃、氧碳玻璃等）、非氧化物玻璃（卤化物、氮化物、硫化物、硫卤化物、金属玻璃等）以及光学纤维等。

根据用途不同，特种玻璃分为防辐射玻璃、激光玻璃、生物玻璃、多孔玻璃、非线性光学玻璃和光纤玻璃等。

2.6.2.3　水泥

水泥是指加入适量水后可成塑性浆体，既能在空气中硬化又能在水中硬化，并能够将砂、石等材料牢固地胶结在一起的细粉状水硬性材料。

水泥的种类很多，按其用途和性能可分为通用水泥、专用水泥和特性水泥三大类。通用水泥为大量土木工程所使用的一般用途的水泥，如硅酸盐水泥、普通硅酸盐水泥、矿渣硅酸盐水泥、火山灰质硅酸盐水泥、粉煤灰硅酸盐水泥和复合硅酸盐水泥等。专用水泥指有专门用途的水泥，如油井水泥、砌筑水泥等。特性水泥则是某种性能比较突出的一类水泥，如快硬硅酸盐水泥、抗硫酸盐硅酸盐水泥、中热硅酸盐水泥、膨胀硫铝酸盐水泥、自应力铝酸盐水泥等。

按其所含的主要水硬性矿物，水泥又可分为硅酸盐水泥、铝酸盐水泥、硫铝酸盐水泥、氟铝酸盐水泥以及以工业废渣和地方材料为主要组分的水泥。目前水泥品种已达一百多种。

2.6.2.4 耐火材料

耐火材料是指耐火度不低于 1 580 ℃的无机非金属材料，它是为高温技术服务的基础材料。尽管各国对其定义不同，但基本含义是相同的，即耐火材料是用作高温窑炉等热工设备的结构材料，以及用作工业高温容器和部件的材料，并能承受相应的物理化学变化及机械作用。

大部分耐火材料是以天然矿石（如耐火黏土、硅石、菱镁矿、白云母等）为原料制造的。采用某些工业原料和人工合成原料（如工业氧化铝、碳化硅、合成莫来石、合成尖晶石等）制备耐火材料已成为一种发展趋势。耐火材料种类很多，按材料化学矿物组成分类是一种常用的基本分类方法。耐火材料也常按材料的制造方法、材料的性质，以及材料的形状、尺寸及应用等来分类。

耐火材料按矿物组成可分为氧化硅质、硅酸铝质、镁质、白云石质、橄榄石质、尖晶石质、含碳质、含钴质耐火材料及特殊耐火材料；按其制造方法可分为天然矿石和人造制品；按其形状可分为块状制品和不定形耐火材料；按其热处理方式可分为不烧制品、烧成制品和熔铸制品；按其耐火度可分为普通、高级及特级耐火制品；按化学性质可分为酸性、中性及碱性耐火材料；按其密度可分为轻质及重质耐火材料；按其制品的形状和尺寸可分为标准砖、异型砖、特异型砖、管和耐火器皿等；还可按其应用分为高炉用、水泥窑用、玻璃窑用、陶瓷窑用耐火材料等。

1. 硅质耐火材料

硅质耐火材料是指以 SiO_2 为主要成分的耐火材料，主要制品有硅砖、不定形硅质耐火材料及石英玻璃制品。

硅质耐火材料为典型的酸性耐火材料。其矿物组成：主晶相为鳞石英和方石英，基质为石英玻璃相。硅质耐火材料对酸性炉渣抵抗能力强，但受碱性渣强烈侵蚀；荷重软化温度高；残余膨胀保证了砌筑体具有良好的气密性和结构强度；耐磨、导热性好；热稳定性低，耐火度不高，因此限制了其广泛的应用。硅砖主要用于焦炉、玻璃熔窑、酸性炼钢炉及其热工设备。

2. 镁质耐火材料

镁质耐火材料是指 MgO 含量在 80%～85% 以上的耐火材料。镁质耐火材料属碱性耐火材料，抵抗碱性物质的侵蚀能力较好，耐火度很高，是炼钢碱性转炉、电炉、化铁炉，以及许多有色金属火法冶炼中使用最广泛且最重要的一类耐火材料，也是玻璃蓄热室、水泥窑和陶瓷窑炉高温带常用的耐火材料。

3. 熔铸耐火材料

熔铸耐火材料指原料及配合料经高温熔化后浇铸成一定形状的制品。配合料的熔融方法有电熔法和铝热法两种。电熔法即在电弧炉或电阻炉中熔化配合料。电熔法是目前生产熔铸耐火材料的主要方法。铝热法是利用铝热反应放出的热量将配合料熔化。

熔铸耐火制品的种类很多，目前应用最为广泛的是熔铸锆刚玉砖。其他熔铸制品有熔铸莫来石砖、熔铸锆莫来石砖、熔铸刚玉砖、镁质、尖晶石及橄榄石质等熔铸制品。熔铸制品与烧结法制品相比，有以下特点：制品很致密，气孔少，密度大；机械强度高；高温结构强度大；导热性高，抗渣性好。

4. 轻质耐火材料

轻质耐火材料是指气孔率高、体积密度低、热导率低的耐火材料。轻质耐火材料的特点是具有多孔结构（气孔率一般为 40%～85%）和高的隔热性。

5. 不定形耐火材料

不定形耐火材料是由合理分配的粒状和粉状料，并与结合剂共同组成，这些材料不经成型和烧成，可直接使用。在这类材料中，粒状材料称为骨料，粉状料称为掺合料，结合剂称为胶结剂。这类材料无固定外形，可制成浆状、泥膏状和松散状，因而也统称为散状耐火材料。用此种耐火材料可构成无接缝的整体构筑物，故也称为整体耐火材料。不定型耐火材料的种类很多，可依所用耐火材料的材质分类，也可按所用结合剂的品种分类。

6. 含碳耐火材料

含碳耐火材料是指以碳化物为主要组成的耐火材料，属中性耐火材料。其中，以无定形碳为主要组成的称为碳素耐火材料；以结晶型石墨为主要组成的称为石墨耐火材料；以 SiC 为主要组成的称为碳化硅耐火材料。

2.6.3 高分子材料

高分子材料是由一种或几种简单低分子化合物，经聚合而组成的相对分子质量很大的化合物。高分子材料的种类繁多，性能各异，其分类的方法多种多样。按高分子材料来源分为天然高分子材料和合成高分子材料；按材料的性能和用途可将高分子材料分为橡胶、纤维、塑料和胶黏剂等。

2.6.4 复合材料

复合材料的种类繁多，目前还没有统一的分类方法，下面根据复合材料的三要素来分类。

2.6.4.1 按基体材料分类

按基体材料，复合材料可分为金属基复合材料，陶瓷基复合材料，水泥、混凝土基复合材料，塑料基复合材料，橡胶基复合材料等。

2.6.4.2 按增强剂形状分类

按增强剂形状，复合材料可分为粒子、纤维及层状复合材料。粒子复合材料是以各种粒子填料为分散质的，若分布均匀，是各向同性的；纤维增强复合材料是以纤维为增强剂得到的，依据纤维的铺排方式，可以是各向同性也可以是各向异性；层状复合材料如胶合板，由交替的薄板层合而成，因而是各向异性的。

2.6.4.3 按性能分类

按性能，复合材料可分为结构复合材料和功能复合材料，见表2-7。结构复合材料是作为承力结构使用的材料，其增强剂包括各种纤维、织物、晶须、片材和颗粒等，基体有聚合物、金属、陶瓷、玻璃、碳和水泥等。功能复合材料是具有某种特殊物理或化学特性的复合材料，根据其功能可分为导电、磁性、换能、阻尼、摩擦等复合材料，一般由功能组元和基体组成。基体不仅起构成整体的作用，而且能产生协同或加强功能的作用。

表2-7 复合材料按性能分类

项目	具体产品
结构复合材料	树脂基复合材料、金属基复合材料、陶瓷基复合材料、碳/碳复合材料、水泥基复合材料
功能复合材料	换能功能复合材料、阻尼吸声功能复合材料、导电导磁功能复合材料、屏障功能复合材料、摩擦磨损功能复合材料

2.7 金属的晶体

2.7.1 金属的晶体结构

金属材料在性能方面所能表现出的多样性、多变性和特殊性，使它具有远比其他材料优越的性能，这种优越性是其固有的内在因素在一定外在条件下的综合反映。不同成分的金属具有不同的组织结构，因而其表现的性能各不相同。即使成分相同的金属，当其由液态转变为固态的结晶条件不同时，所形成的内部组织也不尽相同，因而表现出来的性能也各有差异。所以，要了解金属材料的特性，必须从本质上了解组织结构和金属的结晶过程，掌握其规律，以便更好地控制其性能，正确选用材料，并指导人们开发新材料。

自然界的固态物质，根据原子在内部的排列特征可分为晶体与非晶体两大类。晶体与非晶体的区别表现在许多方面。晶体物质的基本质点（原子等）在空间排列是有一定规律的，故有规则的外形，有固定的熔点。此外，晶体物质在不同方向上具有不同的性质，表现出各向异性的特征。在一般情况下的固态金属就是晶体。

2.7.1.1 晶格与晶胞

为了形象描述晶体内部原子排列的规律，将原子抽象为几何点，并用一些假想连线将几何点连接起来，这样构成的空间格子称为晶格。晶体中原子排列具有周期性变化的特点，通常从晶格中选取一个能够完整反映晶格特征的最小几何单元称为晶胞，它具有很高的对称性。

2.7.1.2 晶胞的表示方法

不同晶体的晶格结构不同,晶胞的大小和形状也有差异。结晶学中规定,晶胞大小以其各棱边尺寸 a、b、c 表示,称为晶格常数。晶胞各棱边之间的夹角分别以 α、β、γ 表示。当棱边 $a=b=c$,棱边夹角 $\alpha=\beta=\gamma=90°$ 时,这种晶胞称为简单立方晶胞。

2.7.1.3 致密度

致密度是金属晶胞中原子本身所占有的体积百分数,它用来表示原子在晶格中排列的紧密程度。

2.7.2 典型的金属晶格

2.7.2.1 体心立方晶格

体心立方晶格的晶胞是一个立方体,立方体的 8 个顶角和晶胞各有一个原子,其单位晶胞原子数为 2 个,其致密度为 0.68。属于该晶格类型的常见金属有 Cr、W、Mo、V、α-Fe 等。

2.7.2.2 面心立方晶格

面心立方晶格的晶胞也是一个立方体,立方体的 8 个顶角和立方体的 6 个面中心各有一个原子,其单位晶胞原子数为 4 个,其致密度为 0.74(原子排列较紧密)。属于该晶格类型的常见金属有 Al、Cu、Pb、Au、γ-Fe 等。

2.7.2.3 密排六方晶格

密排六方晶格的晶胞是一个正六方柱体,原子排列在柱体的每个顶角和上、下底面的中心,另外 3 个原子排列在柱体内,其单位晶胞原子数为 6 个,致密度也是 0.74。属于该晶格类型的常见金属有 Mg、Zn、Be、Cd、 α-Ti 等。

2.7.3 金属实际的晶体结构

前面讨论的金属结构是理想的结构,即原子排列得非常整齐,晶格位向(原子排列的方位和方向)完全一致,且无任何缺陷存在,称为单晶体。目前,只有采用特殊方法才能获得单晶体。

2.7.3.1 金属的多晶体结构

实际使用的金属大多是多晶体结构,即它是由许多不同位向的小晶体组成的,每个小晶体内部晶格位向基本上是一致的,而各小晶体之间位向却不相同。这种外形不规则,呈颗粒状的小晶体称为晶粒。晶粒与晶粒之间的界面称为晶界。实验表明,在每个晶粒内部,晶格位向也有位向差(1°~2°)。这些位向差很小的小晶块嵌镶成一颗晶粒。这些小晶块称为亚晶或亚结构,亚晶之间的边界称为亚晶界。

2.7.3.2 金属的晶体缺陷

在金属晶体中,由于晶体形成条件、原子的热运动及其他各种因素影响,原子规则地排列在局部区域受到破坏,呈现出不完整,通常把这种区域称为晶体缺陷。根据晶体缺陷的几何特征,可分为点缺陷、线缺陷和面缺陷3类。

1. 点缺陷

点缺陷指晶体缺陷呈点状分布,最常见的点缺陷有晶格空位、间隙原子等。由于点缺陷出现,周围原子发生"撑开"或"靠拢"现象,称为晶格畸变。晶格畸变的存在,使金属产生内应力,晶体性能发生变化,如强度、硬度增加,它也是强化金属的手段之一。

2. 线缺陷

线缺陷指晶体缺陷呈线状分布，线缺陷主要是指位错，最常见的位错是刃型位错。这种位错的表现形式是晶体的某一晶面上，多出一个半原子面，它如同刀刃一样插入晶体。在位错线附近一定范围内，晶格发生了畸变。

3. 面缺陷

面缺陷指缺陷呈面状分布，通常指的是晶界和亚晶界。实际金属材料是多晶体结构，多晶体中两个相邻晶粒之间晶格位向是不同的，所以晶界处是不同位向晶粒原子排列无规则的过渡层。晶界处原子具有不同特征，如常温下晶界有较高的强度和硬度，晶界处原子扩散速度较快。晶界处容易被腐蚀、熔点低等。

2.8 材料组成、结构、性质、工艺及其与环境的关系

材料的结构决定材料的性质；性质是结构的外在反映，对材料的使用性能有决定性影响；使用性能又与材料的使用环境密切相关；材料的结构取决于其组成和制备与加工（包括制备工艺及加工过程）等因素，如图2-11所示。因此，材料科学与工程要解决的问题就是研究材料的组成与结构、合成与加工、性质、使用性能，以及环境之间的相互关系及制约规律。要有效地使用材料，必须了解产生特定性质的原因组成和结构、材料所具有的性能、实现这些性能的途径和方法工艺，以及环境对材料性能的影响。

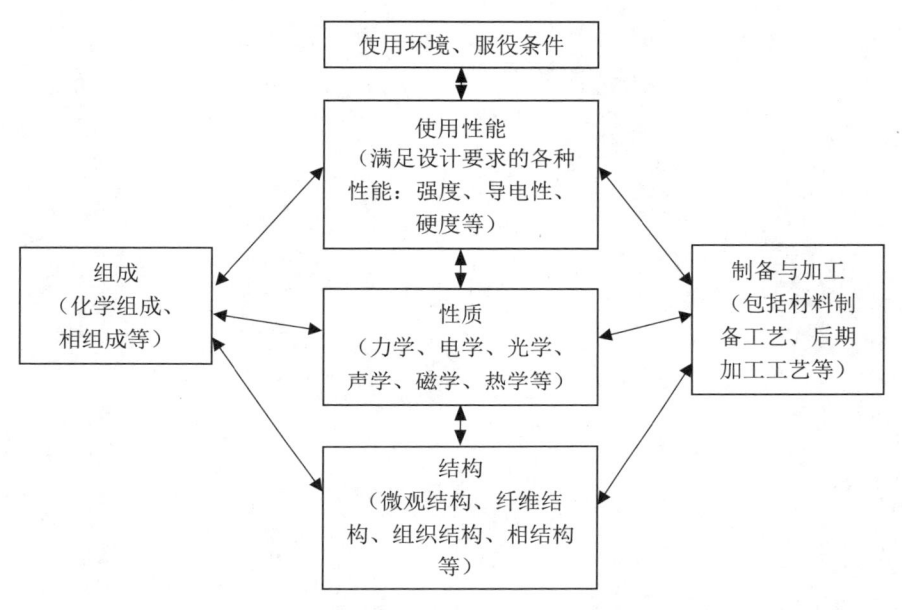

图 2-11 组成－结构－性能关系

考察材料的结构可以从以下两个层次来考虑，这些层次都影响材料的最终性能。

第一个层次是原子及电子结构。原子中电子的排列在很大程度上决定原子间的结合方式，决定材料类型（金属、非金属、高分子化合物等），决定材料的热学、力学、光学、电学、磁学等性质。

第二个层次是原子的空间排列。如果材料中的原子排列非常规则且具有严格的周期性，就形成晶态结构；反之，则为非晶态结构。不同的结晶状态具有不同的性能，如玻璃态的聚乙烯是透明的，而结晶聚乙烯是半透明的。此外，原子排列中存在缺陷会使材料性能发生显著变化，如晶体中的色心就是由于碱卤晶体中存在点缺陷，这种缺陷使透明晶体具有颜色，甚至可使晶体作为激光晶体。

第 3 章　高分子材料的组成与结构

高分子化合物是由许多相同或不同的基本链连接作为化学结构单元，并通过共价键连接的分子，它们也称为聚合物、大分子化合物。

高分子化合物和低分子化合物之间的区别在于前者具有较高的相对分子质量。通常，将相对分子质量大于约 10 000 的化合物称为聚合物；将相对分子质量小于约 1 000 的化合物称为低分子化合物；将相对分子质量在高分子化合物和低分子化合物之间的化合物称为低聚物。相对分子质量大于 10^6 的化合物也称为超高分子量聚合物。

3.1 高聚物的结构特征

3.1.1 结构单元的化学组成

按化学组成不同，高分子化合物可分成下列 3 类。

3.1.1.1 碳链高分子化合物

碳链高分子化合物的分子链全部由碳原子以共价键相连接而组成，多由加聚反应制得，如聚苯乙烯、聚氯乙烯、聚丙烯、聚丙烯腈、聚甲基丙烯酸甲酯。

3.1.1.2 杂链高分子化合物

杂链高分子化合物分子主链上除碳原子以外，还含有氧、氮、硫等两种或两种以上的原子，并以共价键相连接而成，由缩聚反应和开环聚合反应制得，如聚酯、聚醚、聚酰胺、聚砜、聚甲醛、PA66（工程塑料）、聚苯硫醚、聚醚醚酮。

3.1.1.3 元素高分子化合物

元素高分子化合物主链不含碳原子，而由硅、磷、锗、铝、钛、砷、锑等元素以共价键结合而成。侧基含有有机基团，称作有机元素高分子，如有机硅橡胶，有机钛聚合物；侧基不含有机基团的则称作无机高分子。

3.1.2 高分子化合物的构型

构型指分子中由化学键所固定的原子在空间的几何排列。这种排列是稳定的，要改变构型必须经过化学键的断裂和重组。

3.1.2.1 旋光异构（空间立构）

饱和碳氢化合物分子中的碳以4个共价键与4个原子或基团相连，形成一个正四面体。当4个基团都不相同时，该碳原子称为不对称碳原子，以 C* 表示。这种有机物能构成互为镜影的两种异构体（d型、l型），表现出不同的旋光性，称为旋光异构体。高分子化合物通常因内消旋作用，而不显示旋光性。

（1）全同立构（或等规立构）：取代基全部处于主链平面的一侧，或者说高分子化合物全部由一种旋光异构单元键接而成。

（2）间同立构（或间规立构）：取代基相间地分布于主链平面的两侧，或者说两种旋光异构单元交替键接。

（3）无规立构：取代基在平面两侧做不规则分布，或者说两种旋光异构体单元完全无规键接。

乙烯类高分子化合物的分子的三种立体异构：①全同 PS，结晶温度 T_m=240 ℃；②间同 PS；③无规 PS，不结晶，软化温度 T_b=80 ℃。

3.1.2.2 几何异构（顺反异构）

在 1，4 加聚的双烯类聚合物中，由于主链双键的碳原子上的取代基不能绕双键旋转，当组成双键的两个碳原子同时被两个不同的原子或基团取代时，即可形成顺反两种构型，它们称作几何异构体。

1. 顺式结构

以丁二烯为原料，使用钴、镍和钛催化系统，可制得顺式构型含量大于 94% 的聚丁二烯橡胶（顺丁橡胶），其结构式如图 3-1 所示。

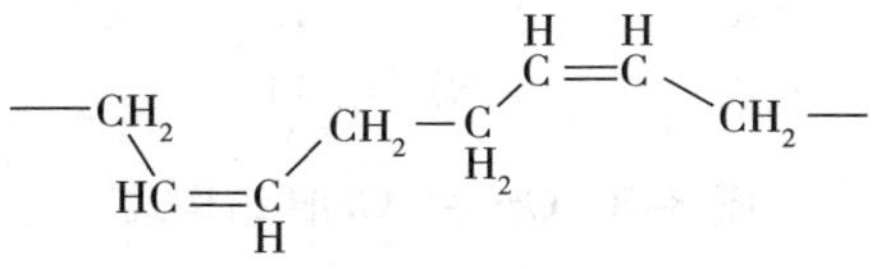

图 3-1　顺丁橡胶结构式

顺丁橡胶分子链与分子链之间的距离较大，不易结晶，在室温下是一种弹性很好的橡胶。

2. 反式结构

以丁二烯为原料，使用钒或醇烯催化剂所制得的聚丁二烯橡胶，主要为反式构型，其结构式如图 3-2 所示。

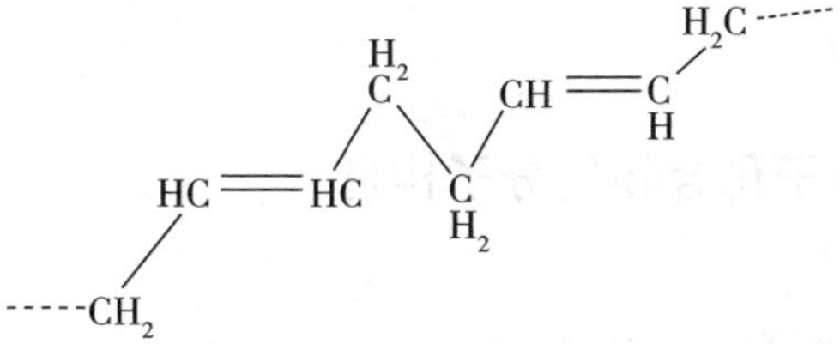

图 3-2　反式构型的聚丁二烯橡胶结构式

反式构型的聚丁二烯橡胶分子链的结构比较规整，容易结晶，在室温下是弹性很差的塑料。

3.1.2.3 键接结构

1. 单烯类单体形成高分子化合物的键接方式

对于不对称的单烯类单体，如 CH_2=CHR，在聚合时就有可能有头-尾键接和头-头（或尾-尾）键接两种方式，如图3-3所示。

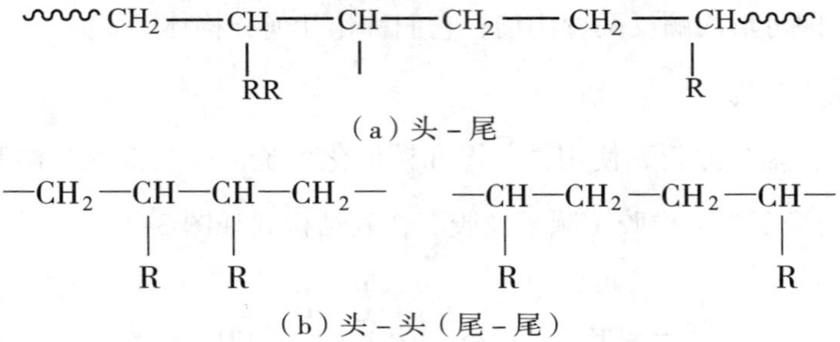

$$\sim CH_2-CH-CH-CH_2-CH_2-CH\sim$$
$$|||$$
$$RRR$$

（a）头-尾

$$-CH_2-CH-CH-CH_2--CH-CH_2-CH_2-CH-$$
$$||||$$
$$RRRR$$

（b）头-头（尾-尾）

图3-3　CH_2=CHR 结构式

顺序异构体：由结构单元间的连接方式不同所产生的异构体称为顺序异构体。

2. 双烯类单体形成高分子化合物的键接方式

双烯类聚合物的键接结构更为复杂，如异戊二烯在聚合过程中有1,2加聚、3,4加聚和1,4加聚，分别得到如下产物：1,2-聚异戊二烯、3,4-异戊二烯、顺式-1,4-聚异戊二烯（顺丁橡胶）或反式-1,4-聚异戊二烯（异戊橡胶）。

3.1.3 高分子化合物的分子构造

3.1.3.1 高分子主链结构

碳纤维：聚丙烯腈高温环化制得梯形高分子，耐高温。

丙烯腈-丁二烯-苯乙烯共聚物：丙烯腈、丁二烯、聚乙烯、三元接技共聚合。耐化学腐蚀、强度好、弹性好、加工流动性好。

高抗冲聚苯乙烯：少量聚丁二烯接技到PS上形成"海岛结构"。

苯乙烯-丁二烯-苯乙烯嵌段共聚物：热塑性弹性体，是PS-PB-PS三嵌段共聚物。橡胶相PB连续相，PS分散相，起物理应联作用。

高分子常见主链结构如图3-4所示。

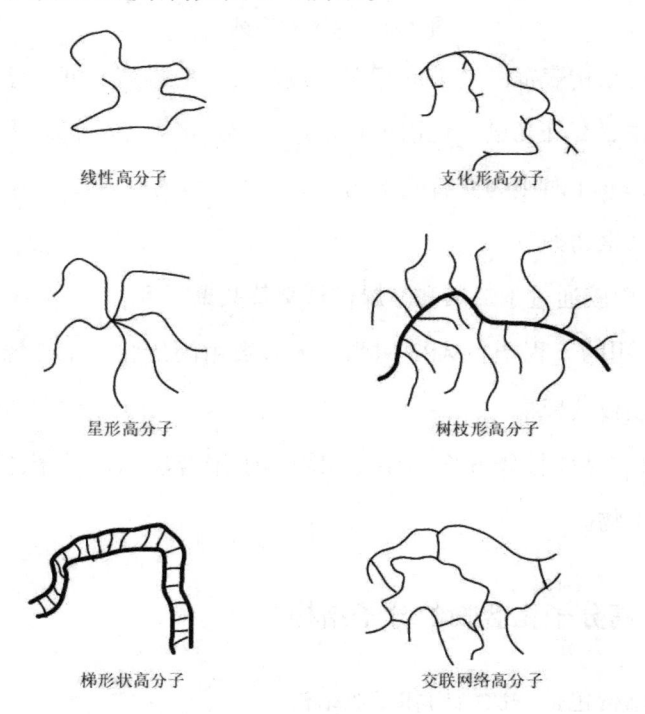

图3-4 高分子常见主链结构

3.1.3.2 共聚物序列

共聚物是由两种或两种以上结构单元组成的高分子化合物。以A、B表示两种链节，它们的共聚物序列如图3-5所示。

无规共聚物　～～～ABBABAAABBAB～～～

交替共聚物　～～ABABABABABAB～～～

嵌段共聚物　～～AAAAAABBBBBB～～～

接枝共聚物　～～AAAAAAAA～～～
　　　　　　　　　　　|
　　　　　　　　　　　B
　　　　　　　　　　　B
　　　　　　　　　　　B

图 3-5　共聚物序列

共聚物的结构表征：链节的相对含量、链节的排列序列、序列分布可通过核磁共振、红外光谱、色谱等技术来测定。当 l、m[①] 都较大时为嵌段共聚物；当 $l=m=1$ 时则为交替共聚物。

常见的共聚物如下。

（1）丁丙胶通过丁二烯和丙烯进行交替共聚得到。

（2）常用的工程塑料 ABS 树脂：大多数由丙烯腈、丁二烯、苯乙烯组成的三元接枝共聚物。

（3）热塑性弹性体 SBS 树脂：用阴离子聚合法制得的苯乙烯与丁二烯的嵌段共聚物。

3.1.4　高分子化合物的分子结构

分子内结构包括一次结构和二次结构。

（1）一次结构，是构成高分子最根本的微观结构，包括高分子基本结构单元的化学结构。

---

① 注：l 表示第一种单体单元（单体 A）的连续重复次数；m 表示第二种单体单元（单体 B）的连续重复次数。

（2）二次结构，是指聚集态中单个大分子的形态，也就是单个高分子在空间所存在的各种形状，一条高分子链因单键内旋转和热运动的影响，存在各种不同的形状。

3.1.5 高分子化合物的分子间结构

高分子化合物的分子间结构包括三次结构和高次结构。

（1）三次结构，是许多大分子在一起的聚集结构，强烈受二次结构的影响，是大分子与大分子之间的几何排列。

（2）高次结构是由三次结构及其他掺和物构成更复杂的结构，如球晶及复合材料。

3.1.6 支化与交联

高分子链上带有长短不一的支链称为支化高分子。高分子链通过化学键相互连接而形成的三维空间网状大分子称为交联高分子。

3.1.6.1 支化或交联的条件

在缩聚过程中有含3个或3个以上官能团的单体存在，或在双官能团缩聚中有产生新的反应活性点的条件，或在加聚过程中有自由基的链转移反应发生，或双烯类单体中第二双键的活化等，都能生成支化或交联结构的高分子。

3.1.6.2 表征支化和交联的物理量

支化度：可由单位体积内的支化点数或两个相邻支化点间的平均相对分子质量来表征。

交联度：可用单位体积内交联点的数目或两个相邻交联点之间平均相对分子质量 M_c 来表示。由溶胀度的测定和力学性质的测定可以估计交联度。

3.1.6.3 支化与交联对高分子化合物性能的影响

高分子链的支化破坏了分子的规整性，使其密度、结晶度、熔点、硬度等都比线形高聚物低，而长支链的存在则对高分子化合物的物理机械性能影响不大，但对其溶液的性质和熔体的流动性影响较大，如其流动性要比同类线形高分子熔体的流动性差。

支化高分子能溶解在某些溶剂中，而交联高分子除交联度不太大时能在溶剂中发生一定的溶胀外，在任何溶剂中都不能溶解，受热时也不熔融。

3.2 高分子链的构象统计

线形高分子链两端的距离称为末端距。高分子的柔性越大，构象数越多，分子链愈卷曲，末端距愈小。可用末端距的大小来衡量高分子链柔性的大小。

3.2.1 均方末端距的几何计算法

3.2.1.1 自由结合链

一个孤立的高分子链在内旋转时，不考虑键角的限制和位垒的障碍，每个分子是由足够多的不占有体积的化学键自由结合而成，每个键在任何方向取向的概率都相等，我们称这种链为自由结合链。

自由结合链的均方末端距：

$$\overline{h^2}_{f,j} = nl^2 \tag{3-1}$$

式中，n 为键数；l 为键长。

3.2.1.2 自由旋转链（考虑键角的限制）

假定高分子链中每一个键都可以在键角（$q=109°28'$）所允许的方向自由转动，不考虑空间位阻对转动的影响，我们称这种链为自由旋转链。

自由旋转链的均方末端距：

$$\overline{h^2}_{f,r} = 2nl^2 \tag{3-2}$$

3.2.1.3 受阻的自由旋转链（考虑位垒的影响）

受阻的自由旋转链在自由旋转链的基础上，进一步考虑了空间位阻对键旋转的影响，即每个键的旋转不是完全自由的，而是受到一定的阻碍。

受阻的自由旋转链均方末端距：

$$\overline{h}_o^2 = Zb^2 \tag{3-3}$$

式中，Z 为空间位阻对键旋转的影响程度；b 表示键长，即链中相邻原子或基团之间的距离。

3.2.2 均方末端距的库恩统计法

库恩首先提出用统计的方法计算高分子链的构象。为了计算方便，库恩对高分子无规线团做了如下几点假设。

（1）高分子可以划分为 Z 个统计单元。

（2）每个统计单元可看作长度为 b 的刚性棒。

（3）统计单元之间为自由连接，即每一统计单元在空间可不依赖于前一单元而自由取向。

（4）高分子链不占有体积。

库恩的这个模型是典型的柔性链模型，末端距的大小随时间而变化，且有分布，均方末端距可用下式表示：

$$W(h)\mathrm{d}h = \left(\frac{\beta}{\sqrt{\pi}}\right)^3 \mathrm{e}^{-\beta^2 h^2} \times 4\pi h^2 \mathrm{d}h \tag{3-4}$$

式中，β 表示均方末端距，$W(h)$ 为末端距的概率密度函数，可用"三维空间无规行走"方法计算。

因为上述径向分布函数的形式为高斯函数，所以凡末端距的分布符合高斯函数的高分子链称为高斯链：

$$\overline{h_\mathrm{G}^2} = \int_0^\infty h^2 W(h)\mathrm{d}h = Zb^2 \tag{3-5}$$

将以上数学计算结果应用于高斯链，由 $\frac{\mathrm{d}W}{\mathrm{d}h}=0$，可得极值点的 h^*：当末端距为 h^* 时，出现的概率最大，称为最概然末端距。求得末端距的概率密度函数 $W(h)$ 后，即可由下式求均方末端距：

$$\overline{h_\mathrm{rr}^2} = Z_\mathrm{rr} b_\mathrm{rr}^2 \tag{3-6}$$

式中，Z 为链段数；b 为链段长。

库恩的柔性链模型实际是由 Z 个长度为 b 的链段自由结合的大分子链，更确切地说是一种"等效自由结合链"。链段长 b 要比键长 l 大若干倍，而链段数 Z 就比键数 n 小若干倍。当 L_max[①] 相同时，等效自由结合链的均方末端距必然大于自由结合链的均方末端距。

虽然高斯链的链段分布函数与自由结合链的分布函数相同，但二者之

[①] 注：L_max 表示高分子链在完全伸展状态下的最大轮廓长度。

间却有很大差别。自由结合链的统计单元是一个化学键，而高斯链的统计单元是一个链段。实际上任何化学键都不可能自由旋转与任意取向，而在库恩模型中，高分子链段却可以做到这一点。因此，自由结合链是不存在的，而高斯链是确确实实存在的，它体现了大量柔性高分子的共性。

3.2.3 内旋转势垒

内旋转势垒又叫内旋转活化能，是在一定温度下，由一种构象变为另一种构象需要吸收或放出的一定能量。内旋转活化能愈小，内旋转愈容易，链也就愈柔顺。

3.2.4 内聚能密度（CED）

高分子化合物的分子间有很大的相互作用，主要是由于高分子链长，结构单元很多，具有多分散性，分子之间相互邻近的范围很大，使其相互吸引的分子间作用力很大，无法用单一的力来表示，而用内聚能密度来表示。

3.3 高分子链的近程结构

3.3.1 高分子链的化学构型

高分子链的化学结构可分为以下四类。

（1）碳链高分子：主链全是碳原子以共价键相连，不易水解。

（2）杂链高分子：主链除了碳还有氧、氮、硫等杂原子，由缩聚或开环得到，主链有极性，且易水解、醇解或酸解。

（3）元素有机高分子：主链上全没有碳，具有无机物的热稳定性及有机物的弹性和塑性。

（4）梯形和螺旋形高分子：具有高热稳定性。

由单体通过聚合反应连接而成的链状分子，称为高分子链。除结构单元的组成外，端基对聚合物的性能影响很大。提高热稳定性链接结构是指结构单元在高分子链的连接方式，主要对加聚产物而言，缩聚产物的链接方式一般是明确的。

3.3.2 高分子链的聚合度与链接结构

高分子链的聚合度是指链中重复单元的数量，其直接影响材料的分子量和物理性能。聚合度越高，分子量越大，通常材料的机械强度、熔点和粘度也随之增加。例如，高聚合度的聚乙烯具有优异的强度和耐化学性，适用于制造高强度的塑料制品。高分子链的链接结构是指单体在高分子链中的连接方式，包括线性结构、支化结构和交联结构。

（1）线性结构由单体首尾相连形成。这种链接结构材料的结构简单，易于结晶，如线性聚乙烯。

（2）支化结构指主链上带有侧链。这种链接结构材料的结晶度低，柔韧性和可加工性强，如低密度聚乙烯。

（3）交联结构指高分子链通过化学键相互连接，形成三维网络。这种链接结构材料的硬度高、热稳定性和耐溶剂性强，如硫化橡胶。

聚合度和链接结构通过聚合反应条件（如催化剂、温度、压力）和单体选择来控制。了解高分子链的聚合度与链接结构有助于设计和优化高分子材料。

3.3.3 高分子链的构型

高分子链的构型与几何形状是决定材料性能的关键因素。高分子链的构型是指高分子链中单体的连接方式和空间排列，其直接影响材料的物理和化学性质。常见的构型包括等规、间规和无规构型。

（1）等规构型为取代基在主链的同一侧排列。这种化学构型材料的结晶度和强度高，如等规聚丙烯。

（2）间规构型为取代基交替排列在两侧。这种化学构型材料柔韧性较好，如间规聚苯乙烯。

（3）无规构型为取代基随机排列。这种化学构型材料通常为无定形态，如无规聚苯乙烯。

此外，高分子链的立体构型还包括顺式构型和反式构型。这两种构型影响链的刚性和结晶性。

（1）顺式构型为取代基在同一侧，链较柔韧。

（2）反式构型为取代基在两侧，链较刚硬。

3.4 高聚物的聚集态结构

高聚物的聚集态结构是许多大分子在一起的聚集结构，使分子与大分子之间的几何排列，强烈地受二次结构影响，属于三次结构。

研究手段：广角 X 射线衍射、偏光显微镜、电子显微镜。

研究较多的结晶形态有折叠链片晶（及由此生成的单晶，树枝晶和球晶等多晶体）、串晶、伸直链片晶和纤维状晶等。

3.4.1 折叠链片晶

在常压下不同浓度的聚合物溶液和熔体结晶时，可形成具有折叠链片晶结构的单晶，以及树枝晶、球晶等多晶体。

3.4.1.1 单晶

1957年，凯勒用支化的聚乙烯溶于三氯甲烷或二甲苯中，配制成0.01%浓度的溶液，于电镜下可观察到每边长为数微米而厚度为10 nm左右的菱形薄片状的晶体。

单晶形成条件：一般是在极稀的溶液中（浓度约0.01% ~ 0.1%）缓慢结晶形成的。在适当的条件下，聚合物单晶体还可以在熔体中形成。例如，由1∶1的对苯二甲酰氯和乙二醇用薄膜熔体聚合于200 ℃经10 h聚合得到的聚对苯二甲酸乙二酯单晶。

单晶特征：整块晶体具有短程和长程有序的单一晶体结构，这种内部结构的有序性，使之呈现多面体规整的几何外形，且宏观性质具有明显的各向异性特征。其片晶的厚度均在10 nm左右，晶片中的分子链是垂直于晶面的。因此，长达几百纳米的聚合物分子链在晶片中只能以折叠方式规整地排列。结晶生长是沿螺旋位错中心盘旋生长而变厚。

3.4.1.2 球晶

球晶实际上是由许多径向发射的长条扭曲晶片组成的多晶聚集体。在晶片之间和晶片内部尚存在部分由连接链组成的非晶部分。

球晶形成条件：从熔体冷却结晶或从浓溶液中析出而形成的。

球晶特征：外形呈球状，其直径通常在0.5 ~ 100 μm之间，具有径向对称晶体的性质，在正交偏光显微镜下可呈现典型的黑十字图像、消光环图像。

3.4.1.3 树枝晶

树枝晶形成条件：在溶液浓度较大（一般为 0.01% ~ 0.1%），温度较低的条件下结晶时，高分子的扩散成为结晶生长的控制因素，此时在突出的棱角上要比其他邻近处的生长速度更快，从而倾向于树枝状地生长，最后形成树枝状晶体。聚乙烯在 0.1%二甲苯溶液中，组成树枝晶的基本结构单元也是折叠链片晶，它是在特定方向上择优生长的结果。

3.4.2 串晶和纤维状晶

聚合物溶液和熔体无扰动状态下结晶——折叠链片晶；聚合物溶液和熔体强烈的流动场——串晶和纤维状晶。

串晶和纤维状晶形成条件：具有足够分子链长度的聚合物溶液，在较高的应变速率和温度条件下，可以形成串晶和纤维状晶结构。串晶形成温度比纤维状晶低。

3.4.2.1 串晶

串晶指由伸直链纤维状晶为脊纤维[①]（直径约 30 nm）和附生的间隔的折叠链片晶组成的状似羊肉串的形态。

3.4.2.2 纤维状晶[②]

折叠链片晶在纤维状晶表面附生发展形成（其尺寸不大于 1 μm），两者具有分子间的结合。

---

① 注：脊纤维为串晶结构中的核心组成部分，位于串晶的中心区域，由完全伸直的分子链构成。其长度不受分子链平均长度的限制，且分子链的取向与纤维轴平行。

② 注：纤维状晶为一种具有细长纤维状外形的结晶。

由于串晶和纤维状晶特殊的形态结构，其力学性能要优于普通的折叠链片晶。例如，聚乙烯串晶的断裂强度为 3 800 kg/cm²，延伸率为 22%，杨氏模量达 20 400 kg/cm²，相当于普通聚乙烯纤维拉伸 6 倍时的模量。

3.4.3 伸直链片晶

伸直链片晶形成条件：聚合物在高压和高温下结晶时，可以得到厚度与其分子链长度相当的晶片，称为伸直链片晶。聚合物球晶在低于熔点的温度下加压热处理也可得到伸直链片晶。聚乙烯在 226 ℃于 4 800 大气压下结晶 8 h 得到的伸直链片晶，晶体的熔点为 140.1 ℃，结晶度达 97%，密度为 0.993 8 g/cm³，伸直链长度达 3×10^3 nm。

3.4.4 结晶度的含义

一种结晶聚合物的物理和机械性能、电性能、光性能在相当的程度上受结晶程度的影响。所谓结晶度就是结晶的程度，就是结晶部分的质量或体积对全体质量或体积的百分数。

3.4.4.1 X 射线衍射法测结晶度

此法测得的是总散射强度，它是整个空间物质散射强度之和，只与初级射线的强度、化学结构、参加衍射的总电子数即质量多少有关，而与样品的序态无关。因此，如果能够从衍射图上将结晶散射和非结晶散射分开，则结晶度即结晶部分散射对散射总强度之比：

$$x_c^m = \frac{m_c}{m_c + m_a} \times 100\% \tag{3-7}$$

式中，x_c 为结晶度，m_c 是结晶部分的质量，m_a 是非结晶部分的质量。

3.4.4.2 密度法测定结晶度

假定在结晶聚合物中,结晶部分和非结晶部分并存。如果能够测得完全结晶聚合物的密度(ρ_c)和完全非结晶聚合物的密度(ρ_a),则试样的结晶度可按两部分共存的模型来求得。

3.4.4.3 红外光谱法测结晶度

人们发现在结晶聚合物的红外光谱图上具有特定的结晶敏感吸收带,简称"晶带",而且它的强度还与结晶度有关,即结晶部分增大,则晶带强度增大;反之,如果非结晶部分增加,则无定形吸收带增强,利用这个晶带可以测定结晶聚合物的结晶度。

3.4.4.4 核磁共振吸收方法测结晶度

如果使结晶部分和无定形部分的链段运动都处于停滞状态,在此低温下聚乙烯的核磁共振吸收曲线是单一的幅度较宽的峰;如果温度升高至接近熔点,吸收曲线变成单一的幅度较窄的峰;在一般的温度范围内,吸收曲线则是相当于结晶区宽幅部分和相当于非结晶区尖锐部分(这和液体的情况相同)相重叠的曲线。

3.4.5 结晶度对聚合物性能的影响

聚合物的结晶度是一个重要的超分子结构参数。它对聚合物的力学性能、密度、光学性质、热性质、耐溶剂性、染色性、气透性等均有明显的影响。

结晶度的提高,可以导致拉伸强度增加,相对密度、熔点、硬度等物理性能提高,而延伸率及冲击强度趋于降低。一般情况下,弹性模量也随结晶度的提高而增加。但冲击强度不仅与结晶度有关，还与球晶的尺寸大小有关：球晶尺寸越小，材料的冲击强度越高。

结晶聚合物通常呈乳白色，不透明。例如，非消光聚对苯二甲酸乙二酯切片，在高温真空干燥过程中会逐渐由透明变为"失透"，就是结晶的缘故。

聚合物的结晶度高达40%以上时，由于晶区相互连接，贯穿整个材料，因此它在T_g以上仍不软化，其最高使用温度可提高到接近材料的熔点，这对提高塑料的热形变温度是有重要意义的。另外，晶体中分子链的紧密堆砌，能更好地阻挡各种试剂的渗入，提高了材料的耐溶剂性。但是，对于纤维材料来说，结晶度过高不利于它的染色性。因此，结晶度的高低，要根据材料使用的要求来适当控制。

3.5 聚合物的结晶动力学

3.5.1 高分子结构与结晶的能力

聚合物结晶必须具备以下两个条件。

（1）热力学条件：聚合物的分子链具有结晶能力，分子链需具有化学和几何结构的规整性，这是结晶的必要条件。

（2）动力学条件：给予适宜的温度和充分的时间。

3.5.1.1 链的对称性

高分子链的化学结构对称性越好，就越易结晶。例如，聚乙烯主链上全部是碳原子，结构对称，故其结晶度高达95%；聚四氟乙烯分子结构的对称性好，具有良好的结晶能力；聚氯乙烯的氯原子破坏了结构的对称性，失去了结晶能力；聚偏二氯乙烯具有结晶能力。主链含有杂原子的聚合物，如聚甲醛、聚酯、聚醚、聚酰胺、聚砜等，虽然对称性有所降低，但仍属对称结构，都具有不同程度的结晶能力。

3.5.1.2 链的规整性

主链含不对称碳原子分子链，如具有空间构型的规整性，则仍可结晶，否则就不能结晶。例如，由自由基聚合制得的聚丙烯、聚苯乙烯、聚甲基丙烯酸甲酯等为非晶聚合物，但由定向聚合得到的等规或间规立构聚合物则可结晶；二烯类聚合物的全顺式或全反式结构的聚合物有结晶能力；顺式构型聚合物的结晶能力一般小于反式构型的聚合物；反式对称性好的丁二烯最易结晶。

3.5.1.3 共聚物的结晶能力

1. 无规共聚物

（1）两种共聚单体的均聚物有相同类型的晶体结构，则能结晶，晶胞参数随共聚物的组成而发生变化。

（2）若两种共聚单元的均聚物有不同的晶体结构，但其中一种组分比例高很多时，仍可结晶；而两者比例相当时，则失去结晶能力，如乙丙共聚物。

2. 嵌段共聚物

各嵌段基本上保持着相对独立性，能结晶的嵌段可形成自己的晶区。例如，聚酯-聚丁二烯-聚酯嵌段共聚物中，聚酯段仍可结晶，起物理交联作用，使共聚物成为良好的热塑性弹性体。

3.5.2 影响结晶能力的其他因素

（1）分子链的柔性：聚对苯二甲酸乙二酯的结晶能力要比脂肪族聚酯低。

（2）支化：高压聚乙烯由于支化，其结晶能力要低于低压法制得的线性聚乙烯。

（3）交联：轻度交联聚合物尚能结晶，高度交联则完全失去结晶能力。

（4）分子间力：分子间的作用力大，会使分子链柔性下降，从而影响结晶能力；但分子间形成氢键时，则有利于晶体结构的稳定。

3.5.3 描述等温结晶过程的阿夫拉米方程

3.5.3.1 测定结晶速度

聚合物的结晶过程包含成核和增长两个阶段，因此结晶速度应包含成核速度、晶粒的生长速度和由它们两者所决定的全程结晶速度。

测定成核速度：主要用偏光显微镜直接观察单位时间内形成晶核的数目。

测定晶粒的生长速度：用偏光显微镜法直接测定球晶的线增长速度。

测定全程结晶速度：可用膨胀计法、光学解偏振法、差示扫描量热法（DSC法）。

3.5.3.2 结晶过程的三个阶段

诱导期：在这一阶段，聚合物开始形成微小的晶核，但整体体积变化不大。

快速结晶期：晶核迅速增长，体积收缩明显，是结晶过程中体积变化最剧烈的阶段。

趋于平衡：结晶速度减慢，体积收缩逐渐趋于稳定，直至达到平衡状态。

3.5.3.3 半结晶期的定义

半结晶期是通过测量体积收缩达到整个过程的一半所需的时间（$t_{1/2}$）来定义的。这个时间的倒数可以用作实验温度下结晶速度的一个度量。

3.5.3.4 阿夫拉米方程

聚合物的等温结晶过程可用阿夫拉米方程来描述：

$$\frac{V_t - V_\infty}{V_0 - V_\infty} = \exp(-Kt^n) \qquad （3-8）$$

式中，V 为聚合物的比容；K 为全程结晶速率常数；n 为阿夫拉米指数，它与成核的机理和晶粒生长的方式有关，其值为晶粒的生长维数和成核过程的时间维数之和。

3.5.3.5 成核机制

均相成核：由熔体中高分子链依靠热运动而形成有序排列的链束为晶核，因而有时间的依赖性，时间维数为1。

异相成核：由外界引入的杂质或自身残留的晶种形成，它与时间无关，故其时间维数为零。

在不同条件下，晶粒的生长可以一维、二维和三维方式进行。

3.5.4 结晶速度与温度的关系

聚合物的结晶速度与温度的关系，是其晶核生长速度和晶粒生长速度存在不同温度依赖性的共同作用结果。成核过程的温度依赖性与成核方式有关，异相成核可以在较高温度下发生，而均相成核宜在稍低的温度下发生。因为温度过高，分子的热运动过于剧烈，晶核不易形成，已形成的晶核也不稳定，易被分子热运动所破坏。因而随着温度的降低，均相成核的速度趋于增大。与之相反，晶粒的生长过程主要取决于链段向晶核的扩散和规整堆砌的速度，随着温度的降低，熔体的黏度增大，不利于链段的扩散运动，因而温度升高，晶粒的生长速度增大。

3.6 聚合物的结晶热力学

3.6.1 结晶聚合物的熔融特点

3.6.1.1 结晶聚合物的熔融过程与小分子晶体的异同

相同点：都是一个相转变的过程。

不同点：小分子晶体在熔融过程中，体系的热力学函数随温度的变化范围很窄，一般只有 0.2 ℃左右。这使小分子晶体的熔点可以精确地定义，是一个特定的温度点。结晶聚合物的熔融过程，呈现一个较宽的熔融温度范围，即存在一个"熔限"；一般将其最后完全熔融时的温度称为熔点（T_m）。

3.6.1.2 分子结构对熔点的影响

在材料科学与工程中，分子结构对熔点的影响是一个重要的考虑因素。分子间作用力、分子链的刚性，以及分子链的对称性和规整性都是影响熔点的关键因素。

1. 分子间作用力

当分子结构有利于增加分子间作用力时，熔点通常会提高，这可以通过在主链或侧链上引入能形成氢键的极性基团来实现。例如，酰胺（—CONH—）、酰亚胺（—CONCO—）、氨基甲酸酯（—NHCOO—）、脲（—NH—CO—NH—）都易在分子间形成氢键，从而使分子间的作用力大幅度增加，熔点明显提高。

分子链取代基的极性也对分子间的作用力有显著影响。例如，在聚乙烯（T_m=138.7 ℃）分子链上取代了—CH_3（等规聚丙烯，T_m=176 ℃）、—Cl（聚氯乙烯，T_m = 212 ℃）和—CN（聚丙烯腈，T_m=317 ℃），随取代基的极性增加，熔点呈递升的趋势。

2. 分子链的刚性

增加分子链的刚性，可以使分子链的构象在熔融前后变化减小，故使熔点提高。一般在主链上引入环状结构、共轭双键，或在侧链上引入庞大的刚性取代基均能达到提高熔点的目的。

3. 分子链的对称性和规整性

具有分子链对称性和规整性的聚合物，在熔融过程所发生的变化相对较小，故具有较高的熔点。例如，聚对苯二甲酸乙二酯的 T_m 为 267 ℃，而聚间苯二甲酸乙二酯的 T_m 仅为 240 ℃；聚对苯二甲酰对苯二胺（Kevlar）的 T_m 为 500 ℃，而聚间苯二甲酰间苯二胺的 T_m 仅为 430 ℃。

通常反式聚合物比相应的顺式聚合物的熔点高一些，如反式聚异戊二烯（杜仲胶）的 T_m 为 74 ℃，而顺式聚异戊二烯的 T_m 为 28 ℃。

等规聚丙烯的分子链在晶格中呈螺旋状构象，在熔融状态时仍能保持这种构象，因而熔融熵较小，故熔点较高。

3.6.2 结晶条件对熔点的影响

3.6.2.1 晶片厚度与熔点的关系

晶片厚度对熔点的这种影响，与结晶的表面能有关。高分子晶体表面普遍存在堆砌较不规整的区域，因而在结晶表面上的链将不对熔融热做完全的贡献。

3.6.2.2 结晶温度与熔点的关系

结晶温度越高，晶片厚度越厚，熔点越高。在低温下结晶的聚合物，其熔化范围较宽；在较高温度下结晶的聚合物熔化范围较窄；两直线交点处，熔化范围消失。这个熔化范围，一般称之为熔限。

发生这种现象的原因是在结晶温度较低时，链的活动能力差，不允许链段进行充分的排列，因而形成了规整度不同的晶体。规整性差的晶体在较低温度下即会瓦解，而规整性好的晶体要待更高温度才能熔融，因而形成较宽的熔限。如果结晶温度升高，则链段活动能力增强，生成的晶体较完整，则熔点高，熔限也窄。所以，熔限随结晶温度的变化，实质是晶体结构完整性分布的反映。

3.6.3 影响熔点的其他因素

3.6.3.1 相对分子质量

在一种聚合物的同系物中，熔点随相对分子质量增加而增加，直到临界相对分子质量时，即可忽略分子链"末端"的影响时，此后则与相对分子质量无关。

3.6.3.2 共聚的影响

结晶性共聚单体 A 与少量单体 B 无规共聚时，若 B 不能结晶或不与 A 形成共晶，则生成共聚物的熔点具有下列关系：对于交替共聚物，熔点将发生急剧降低；对于嵌段和接枝共聚物，各自均聚物的链段足够长时，则可能存在两个代表各自链段所生成的晶体的熔点，但比相应的纯均聚物晶体的熔点稍低。

3.6.3.3 稀释剂的影响

在结晶性聚合物中加入稀释剂，如增塑剂或溶剂，也能使熔点降低，其降低的程度与稀释剂的性质与用量有关。

3.6.4 玻璃化温度与熔点的关系

熔点一般总是高于玻璃化温度，因为在晶体中，分子链呈长程有序排列，分子间作用力得到充分发挥。要使处于晶格位置上的链段开始运动，必须达到熔点以下的某个温度才行。而玻璃态是分子链段被冻结的液相结构，只要体系温度提高到 T_g 以上，即会引起链段运动。

高聚物分子的运动是复杂的，它包括很多运动单元，如侧基、链节、链段和整个分子的运动，这些运动单元受外界条件变化影响。随温度的变化，高聚物可呈三种力学状态，在一定温度和外力下，高分子链的构象通过分子的热运动，从一种平衡态达到与外力相适应的新的平衡状态。这一过程进行得非常之慢，称为松弛过程。

在应用上，材料的耐热性、耐寒性有着重要的意义，而热性质取决于高分子的化学结构及聚态结构。

3.7 高聚物的玻璃化转变

玻璃化转变是高聚物的无定相由高弹态转变为玻璃态的过程。在这一过程中,链段的自由转变变得困难,最终被冻结。

玻璃化转变不是二级相转变,在玻璃化转变范围中,黏度、焓、折射率、扩散系数、弹性系数等急剧且是连续地变化着。

引起玻璃化转变的原因主要如下。

(1)外因:①作用力的大小;②作用的时间即作用频率。

(2)内因:① 温度降低使链段变长,使链段运动困难,由于温度降低,分子的热运动减弱,分子间的相互作用力增强,使内旋转困难;② 温度降低使相邻物理交联点之间的链长变短。

3.7.1 玻璃化转变温度

玻璃化转变温度即玻璃态向高弹态转变的温度,或者是高弹态向玻璃态转变的温度,也是高分子链段开始运动的温度,常以 T_g 表示。各种高聚物都有自己的玻璃化温度,具有重要的工艺价值,是高聚物性能的一个重要指标。T_g 在室温以下的高分子化合物表现为橡胶状,T_g 在室温以上的高分子化合物表现为塑料状。

3.7.2 体积松弛现象

高聚物在玻璃态时的体积,包含两部分:一是分子本身的体积,相当于0K时的体积,以 V_0 表示,其数值是固定的。二是空洞体积,又叫自由体积,其数值为在某一温度时的总体积 V 与 V_0 之差,即 $V-V_0$。自由体积随外界条件而改变。如以 f（$f = \dfrac{V - V_0}{V}$）代表自由体积分数，则任何高聚物物质在玻璃化温度（T_g）时满足 $f=0.025$。高聚物在 $f=0.025$ 时的体积，为高聚物在 T_g 时的平衡体积。当高聚物由高弹态向玻璃态转化时，需要有充分的时间才能达到平衡体积，这种现象称为体积松弛现象。

3.7.3 强迫高弹形变

在强大的外力作用下，玻璃态高聚物强制发生高弹形变，叫强迫高弹形变。这种强迫高弹形变的特点是，当外力除去后，形变不能恢复原状，只有加热到玻璃化温度以上时，被拉伸的部分，才会自动收缩，恢复原来的形状。

高聚物的结构包括高分子链结构和聚集态结构。研究高聚物结构的根本目的，是了解高聚物结构与其物理性能之间的关系，以及高聚物分子运动的规律，为高聚物分子设计和材料设计建立科学基础，同时指导我们正确地选择和使用高聚物材料，更好地掌握高聚物的成型加工工艺条件，并通过各种途径，改变高聚物的结构，以达到改进性能的目的。

高聚物结构有很多特点，高聚物是很多碳原子以共价键联结的大分子，分子链长，并具有多分散性，分子之间相互作用力大，机械强度高，在使用时还加入很多掺和物以达到提高性能、改进性能的目的。

3.8 高分子溶液

3.8.1 聚合物的溶解

3.8.1.1 高分子溶液的分类

1. 高分子浓溶液

溶液纺丝：纺丝液浓度一般在15%以上。

胶黏剂、油漆、涂料：浓度可达60%以上。

高分子浓溶液研究重点是，高分子溶液的流变性能与成型工艺的关系等。

2. 高分子稀溶液

高分子稀溶液的浓度一般在1%以下。高分子浓溶液和高分子稀溶液之间并没有一个绝对的界线，判定一种高分子溶液属于稀溶液或浓溶液，应该根据其溶液性质，而不是浓度的高低。

3.8.1.2 高分子溶液的性质

（1）聚合物的溶解过程比小分子的溶解过程要缓慢得多。

（2）高分子溶液的黏度明显大于小分子溶液。

（3）高分子溶液是处于热力学平衡状态的真溶液。

（4）高分子溶液的行为与理想溶液的行为相比有很大偏离。偏离的原因是高分子溶液的混合熵比小分子理想溶液的混合熵大很多。

（5）高分子溶液的性质存在着相对分子质量依赖性，而聚合物又具有相对分子质量多分散性的特点，因此增加了高分子溶液性质研究的复杂性。

3.8.1.3 溶解过程的特点

由于聚合物结构的复杂性，其溶解过程特点如下。

（1）相对分子质量大并具有多分散性。

（2）高分子链的形状有线形的、支化的和交联的。

（3）高分子的聚集态存在非晶态或晶态结构，聚合物的溶解过程比起小分子物质的溶解要复杂得多。

1. 非晶态聚合物的溶胀和溶解

聚合物溶解过程分两步进行：首先溶胀，然后溶解。

聚合物溶解过程的另一个特点是，溶解度与相对分子质量有关。通常相对分子质量大的，溶解度小；相对分子质量小的，溶解度大。提高温度一般可以增加其溶解度；降低温度则减小其溶解度。

2. 交联聚合物的溶胀平衡

交联聚合物只能发生溶胀，不能发生溶解。交联度越大，溶解度越小。

3. 结晶聚合物的溶解

非晶态聚合物的溶解比结晶聚合物的溶解容易。

（1）极性结晶聚合物：在适宜的强极性溶剂中，往往在室温下即可溶解，如聚酰胺可溶于甲酸、冰醋酸、浓硫酸、苯酚、甲酚；聚对苯二甲酸乙二醇酯可溶于苯酚/四氯乙烷、间甲酚。

（2）非极性结晶聚合物：其溶解往往需要将体系加热到熔点附近，如高密度聚乙烯（熔点是135 ℃）溶解在四氢萘中，温度为120 ℃左右；间同立构聚丙烯（熔点是134 ℃）溶解在十氢萘中，温度为130 ℃。

3.8.2 溶解过程的热力学分析

3.8.2.1 热力学稳定性

溶解过程是溶质分子和溶剂分子互相混合的过程,聚合物溶解过程的自由能变化可写为

$$\Delta G_M = \Delta H_M - T\Delta S_M \qquad (3-9)$$

式中,ΔG_M 为聚合物溶解的自由能变化,$\Delta G_M < 0$ 是聚合物溶解的必要条件;ΔS_M 为混合熵,溶解过程中,分子的排列趋于混乱,$\Delta S_M > 0$;ΔH_M 为混合热。

1. 极性聚合物 – 极性溶剂体系

由于高分子与溶剂分子的强烈相互作用,溶解时是放热的($\Delta H_M < 0$),此时体系的混合自由能为负,即 $\Delta G_M < 0$,溶解从热力学角度来看是可以自发进行的。

2. 非极性聚合物

若不存在氢链,其溶解过程一般是吸热的,即 $\Delta H_M > 0$,所以,要使聚合物溶解,必须满足 $|\Delta H_M| < |T\Delta S_M|$。

3.8.2.2 非极性聚合物混合热 ΔH_M 的计算

$$\Delta H_M = V_M \phi_1 \phi_2 (\delta_1 - \delta_2)^2 \text{（Hildebrand 溶度公式）} \qquad (3-10)$$

式中,δ_1、δ_2 为溶剂、聚合物的溶度参数;ϕ_1、ϕ_2 为溶剂、聚合物的体积分数;V_M 为混合后的总体积。

通常把内聚能密度的平方根定义为溶度参数 δ:

$$\delta = \sqrt{\varepsilon}$$
$$|\Delta H_M| < |T\Delta S_M| \qquad (3-11)$$

由上式可见，ΔH_M 总是正值，要保证 $\Delta G_M < 0$，必然是 ΔH_M 越小越好，也就是说 ε_1 与 ε_2 或 δ_1 与 δ_2 必须接近或相等。

1. 内聚能密度的测定

聚合物分子间作用力的大小通常采用内聚能或内聚能密度来表示。内聚能定义为克服分子间的作用力，把一摩尔液体或固体分子移到其分子间的引力范围之外所需要的能量：

$$\Delta E = \Delta H_v - RT \tag{3-12}$$

式中，ΔE 为内聚能，ΔH_v 为摩尔蒸发热（或摩尔升华热 ΔH_s），RT 是转化为气体时所做的膨胀功。

内聚能密度是单位体积的内聚能：

$$\varepsilon = \frac{\Delta E}{V_M} \tag{3-13}$$

式中，V_M 为摩尔体积。

2. 溶度参数的测定

（1）用黏度法或交联后的溶胀度法测定。

（2）由重复单元中各基团的摩尔引力常数 F_i 直接计算得到：

$$F = \sum F_i \tag{3-14}$$

溶度参数和摩尔引力常数的关系为

$$\delta_2 = \frac{\rho \sum F_i}{M_0} \tag{3-15}$$

式中，ρ 为聚合物的密度，M_0 为重复单元的相对分子质量。

以聚甲基丙烯酸甲酯为例，每个重复单元中有一个—CH_2—、两个—CH_3、一个—C—和一个—COO—，从表中查每种结构单元的 F_i 值进行加和得

$$\sum F_i = 131.5 + 2 \times 148.3 + 32.0 + 326.6 = 786.7$$

重复单元的相对分子质量为100.1，聚合物的密度为1.19，则溶度参数为

$$\delta_2 = \rho \sum \frac{F_i}{M_0} = 786.7 \times \frac{1.19}{100.1} = 9.35$$

实验测得的溶度参数值为9.3，二者非常接近。

3.8.3 溶剂对聚合物溶解能力的判定

3.8.3.1 极性相近原则

极性大的溶质溶于极性大的溶剂，极性小的溶质溶于极性小的溶剂，溶质和溶剂的极性越相近，二者越易溶。

例如，未硫化的天然橡胶是非极性的，可溶于汽油、苯、甲苯等非极性溶剂中；聚乙烯醇是极性的，可溶于水和乙醇中。

3.8.3.2 内聚能密度或溶度参数相近原则

根据式（3-10）可知，δ 越接近，溶解过程越容易。

（1）非极性的非晶态聚合物与非极性溶剂混合，聚合物与溶剂的 ε 或 δ 相近，易相互溶解。

（2）非极性的结晶聚合物在非极性溶剂中的互溶性，必须在接近 T_m 温度时，才能适用溶度参数相近原则。

例如，聚苯乙烯（δ_2=9.81），可溶于甲苯（δ_1=8.91）、苯（δ_1=9.15），但不溶于乙醇（δ_1=12.92）和甲醇（δ_1=10.61）中。

混合溶剂的溶度参数 δ 的计算：

$$\delta_{混} = \delta_1 \phi_1 + \delta_2 \phi_2$$

例如，丁苯橡胶（δ=8.10）、戊烷（δ_1=7.08）和乙酸乙酯（δ_2=9.10）。用49.5%的烷与50.5%的乙酸乙酯组成混合溶剂，$\delta_{混}$为8.10，混合溶剂可作为丁苯橡胶的良溶剂。

3.8.3.3 溶剂化原则

聚合物的溶胀和溶解与溶剂化作用有关。

溶剂化作用：广义的酸碱相互作用，或亲电子体（电子接受体）与亲核体（电子给予体）之间的相互作用。

在聚合物-溶剂体系中常见的亲电、亲核基团，其强弱次序如下。

亲电子基团：—SO$_2$OH＞—COOH＞—C$_6$H$_4$OH＞=CHCN＞=CHNO$_2$＞CH$_2$Cl＞=CHCL

亲核基团：—CH$_2$NH$_2$＞—C$_6$H$_4$NH$_2$＞—CON（CH$_3$）$_2$＞—CONH—＞PO$_4$＞CH$_2$COCH$_2$—＞CH$_2$OCOCH$_2$—＞—CH$_2$—O—CH$_2$—

如聚合物分子中含有大量亲电子基团，则能溶于含有给电子基团的溶剂中；反之，亦然。

例如，硝酸纤维素含有亲电子基团（—ONO$_2$），可溶于含给电子基团的溶剂，如丙酮、丁酮、樟脑中；三醋酸纤维素含有给电子基团（—OCOCH$_3$），故可溶于含有亲电子基团的二氯甲烷和三氯甲烷中。

3.8.4 高分子溶液的热力学分析

3.8.4.1 高分子溶液与理想溶液的偏差

理想溶液是指溶液中溶质-溶质、溶剂-溶剂和溶质-溶剂分子的相互作用都相等，因此溶解过程没有热量变化（D=0），也没有体积变化（D=0）。溶液的混合熵为

$$D = -K(N_1 \ln x_1 + N_2 \ln x_2) = -R(n_1 \ln x_1 + n_2 \ln x_2) \quad (3-16)$$

式中，N_1 和 N_2 分别为溶剂和溶质的分子数，n_1 和 n_2 分别为溶剂和溶质的物质的量，x_1 和 x_2 分别为溶剂和溶质的物质的量分数，K 为玻尔兹曼常数，R 为气体常数。

理想溶液的混合自由能为

$$\Delta G_{mix} = nRT(x_1 \ln x_1 + x_2 \ln x_2) \quad (3-17)$$

理想溶液遵循拉乌尔定律，溶液的蒸气压可用下式表示：

$$p = x_1 p_1 + x_2 p_2 \quad (3-18)$$

高分子溶液与理想溶液的偏离表现在以下两处。

（1）高分子溶液溶剂分子之间、高分子链段间、溶剂与高分子链段间的相互作用一般不相等，混合焓 $\Delta Sm \neq 0$。

（2）高分子链是由许多链段组成的长链分子，具有一定的柔顺性，每个分子链本身可以取多种构象。因此，在溶液中高分子比同样数目的小分子可采取的排列方式多，即混合熵 $\Delta Hm > D$。

实验证明，只有在某些特殊条件下，例如溶液浓度趋于 0 时或者处于 θ[①] 条件时，高分子溶液才表现出理想溶液的性质。

3.8.4.2 弗洛里-哈金斯高分子溶液理论

1942 年，弗洛里-哈金斯分别运用统计热力学方法得到了高分子溶液的 ΔSm、ΔHm 表达式，这就是所谓的晶格模型理论。

1. 高分子溶液的混合熵

按照晶格模型理论，聚合物溶液中分子的排列类似于晶体的晶格排列。

---

① 注：θ 为 Flory 温度，也称"θ 温度"。

每一个晶格中能放置一个溶剂分子或高分子的一个链段，高分子的链段具有与溶剂分子相同的体积。

通过计算由 N_1 个溶剂分子和 N_2 个高分子在 $N=N_1+xN_2$ 个晶格中可排列方式的总数，进而计算混合过程的混合熵。

在计算过程中需做如下假定。

（1）高分子可以自由弯曲，所有构象具有相同的能量。

（2）任一链段与溶剂分子可以在晶格上交换位置，并且没有焓的变化。

（3）每个链段均匀地分布在晶格中，即占有任一晶格的概率相等。

（4）晶格的配位数不依赖于组分，晶格配位数即一个格子被一个链段占领后，其周围可被第二个链段或溶剂分子占领的格子数。

（5）所有高分子具有相同的聚合度[①]：

$$\Delta S_m = -R[n_1 \ln \phi_1 + n_2 \ln \phi_2] \quad (3-19)$$

式中，ϕ_1 为溶剂的体积分数，$\phi_1 = N_1/(N_1+xN_2)$；ϕ_2 为高分子的体积分数，$\phi_2 = xN_2/(N_1+xN_2)$；R 为气体常数。

$$D = -R(n_1 \ln x_1 + n_2 \ln x_2) \quad (3-20)$$

式中，x_1 和 x_2 分别为溶剂和溶质的物质的量分数；理想溶液 D 表达式中的分子分数在高分子溶液 ΔS_M 表达式中被体积分数所代替。

高分子溶液的混合熵要比按理想溶液混合熵计算的结果大得多，但又小于把高分子当作 x 个小分子与溶剂混合时的混合熵。这是高分子链的柔顺性所致，一个高分子在溶液中不只起一个分子的作用，各个链段间又有联系，故又起不到 x 链段所能起到的作用。

晶格模型理论的不足之处如下。

---

① 注：聚合度为高分子链中重复单元的数目。

（1）高分子链段和溶剂分子具有相同的晶格形式的假设，但高分子链并不能自由弯曲，因此，有些构象不能实现，高分子在晶格中的排列方式数计算偏高。

（2）模型没有考虑高分子链段之间，以及链段与溶剂分子间有不同的相互作用，也没有考虑高分子在溶解前后所处环境不同引起的构象熵的改变。

（3）高分子链段均匀分布的假定只是在浓溶液中才比较合理。在稀溶液中高分子结构单元的分布是不均匀的，而是以松懈的链球形式散布在溶剂中。链球占有一定的体积，不能相互贯穿，即使在高分子链球内，链段的分布也不能认为是均匀的。

2. 高分子溶液的混合热

从晶格模型出发推导高分子溶液的混合热 ΔH_m 时，只考虑最邻近一对分子的相互作用。

$$\Delta H_m = (Z-2) N_1 \phi_2 D\varepsilon 12 \qquad (3-21)$$

$$x_1 = (Z-2) D\varepsilon 12 / KT$$

式中，x_1 为哈金斯参数，反映了高分子与溶剂混合过程中相互作用能的变化或溶剂化程度；Z 表示配位数；N_1 表示晶格中的总链节数；ϕ_2 表示溶剂的体积分数；D 表示混合自由能；ε 表示高分子与溶剂之间的相互作用能，通常用于描述两者之间的吸引力或排斥力。

$$\Delta H_m = x_1 KT N_1 \phi_2 = x_1 RT n_1 \phi_2 \qquad (3-22)$$

3. 高分子溶液的混合自由能和化学位

$$\Delta G_m = \Delta H_m - \Delta S_m = RT \left[n_1 \ln \phi_1 + n_2 \ln \phi_2 + x_1 n_1 \phi_2 \right] \qquad (3-23)$$

理想溶液的混合自由能为

$$D = -TD = RT\left(n_1 \ln x_1 + n_2 \ln x_2\right) \qquad (3-24)$$

将高分子溶液的 ΔG_m 与理想溶液的 D 作比较，可以发现它们之间的主要差别如下。

（1）以体积分数代替了物质的量分数，这反映了相对分子质量高对 ΔG_m 的影响。

（2）增加了含有 x_1 的第三项，这反映了 $\Delta H_m \neq 0$ 对 ΔG_m 的影响。

对于气体来说，当压力很小时，可以看作理想气体，对于小分子溶液来说，当浓度很稀时，可以看作理想溶液。从上面推导可知，对于高分子溶液，即使浓度很稀也不能看作理想溶液，必须是 $x_1=\frac{1}{2}$ 的稀溶液才符合理想溶液的条件。

但是应该注意的是，即使 $x_1=\frac{1}{2}$，ΔH_m 也不等于零。理想溶液混合自由能只来源于混合熵，而符合理想溶液条件的高分子稀溶液的混合自由能则来源于混合熵和混合热。因此，对于 $x_1=\frac{1}{2}$ 的高分子稀溶液，虽然宏观热力学性质遵从理想溶液规律，溶液性质与理想溶液性质一致，但其微观状态与小分子理想溶液有着本质的区别。

3.8.4.3 弗洛里－克里格鲍姆稀溶液理论

20世纪50年代，弗洛里－克里格鲍姆又提出了稀溶液理论。该理论认为，高分子稀溶液性质的非理想部分应该由两部分构成：一部分是由高分子链段间、溶剂分子间，以及链段与溶剂分子间相互作用不同引起的，主要体现在混合热上；另一部分是由于高分子溶解在良溶剂中，高分子链段与溶剂分子的相互作用远远大于链段之间的相互作用，使高分子在溶液中扩张。这样，高分子的许多构象不能实现，主要体现在混合熵上。

引入两个参数：K_1 称为热参数，Ψ_1 称为熵参数。

过量偏摩尔混合热：$\Delta_r TK_1$

过量偏摩尔混合熵：$\Delta_r \Psi_1$

过量化学位：$DD-TD=RT(K_1-\Psi_1)$

$$x_1 - \frac{1}{2} = K_1 - \Psi_1 \qquad (3-25)$$

令 $T=\theta$，参数 θ 的单位是 K，故又称 θ 为弗洛里温度，溶剂的过量化学位又可写成：$\mu=RT\Psi_1(\theta/T-1)$。当 $T=\theta$ 时，溶剂的过量化学位 $\mu=0$，即高分子溶液的温度到达 θ 时，其热力学性质与理想溶液没有偏差，就可以利用有关理想溶液的定律来处理高分子溶液了。

当 $x_1=\frac{1}{2}$ 或 $K_1=\Psi_1$ 时，这一条件称为 θ 条件。选择适当的溶剂和温度，就能满足 θ 条件，θ 状态下所用的溶剂称为 θ 溶剂，θ 状态下所处的温度称为 θ 温度，它们两者是密切相关、互相依存的。对某种聚合物，当溶剂选定以后，可以改变温度以满足 θ 条件，或选定某一温度后改变溶剂的品种，也可以利用混合溶剂，调节溶剂的成分以达到 θ 条件。

第4章 高分子材料的力学性能

在高分子材料诸多应用中，作为结构材料使用是其最常见、最重要的应用。在许多领域，高分子材料已成为金属、木材、陶瓷、玻璃等的代用品。因为它具有制造加工便利、质轻、耐化学腐蚀等优点外，还具有较高的力学强度和韧性。

为了提高高分子材料的使用价值，扬长避短地利用、控制其强度和了解破坏规律，需要有目的地改善、提高材料性能，因此需要掌握高分子材料力学强度变化的宏观规律和微观机理。本章不仅介绍描述高分子材料宏观力学强度的物理量和演化规律，还从分子结构特点探讨影响高分子材料力学强度的因素，为研制设计性能更佳的材料提供理论指导。

鉴于高分子材料力学状态的复杂性，以及力学状态与外部环境条件密切相关，高分子材料的力学强度和破坏形式也必然与材料的使用环境和使用条件有关。

4.1 应力与应变

定义单位面积上的附加内力为应力，其数值与单位面积上所受的外力相等。在切应力作用下发生切应变，在正应力作用下材料发生拉伸或压缩形变。

当材料受到外力作用，它所处的条件又不能产生惯性移动时，其几何形状会发生变化，这种变化就称为应变（形变）。对各向同性的材料有三种基本类型的形变：简单拉伸、简单切变、均匀压缩。

（1）简单拉伸：外力 F 是垂直于截面积的大小相等、方向相反并作用于同一直线上的两个力。

（2）简单切变：材料受到的与截面相平行、大小相等、方向相反的两个力。这时材料将发生偏斜，偏斜角的正切值定义为切应变 Y。

（3）均匀压缩：材料受到的是围压力（流体静压力）p，发生体积形变，体积由 V_0 缩小至 V。

4.2 弹性变形

材料产生弹性变形的本质是构成材料的原子（离子）或分子自平衡位置产生可逆位移的反映。例如，橡胶类材料产生弹性变形的原因是呈卷曲状的分子链，在力的作用下通过链段运动沿受力方向产生的伸展。材料在等温、等容条件下发生弹性回复的驱动力，由内能变化和熵变两部分组成。

4.2.1 弹性变形的特点

（1）去掉外力后变形消失，弹性变形都是可逆变形。

（2）金属、陶瓷或结晶态高分子材料的应力–应变呈线性关系时，弹性变形量较小。

（3）橡胶态的高分子材料应力–应变不呈线性关系，且变形量较大。

4.2.2 弹性变形的力学性能指标

（1）弹性模量，即单位应变所需应力的大小，物理意义是产生100%弹性变形所需的应力。

（2）比例极限（$\sigma_p = \dfrac{F_b}{A_0}$），即保持应力与应变呈正比关系的最大应力，也就是在应力-应变曲线上刚开始偏离直线时的应力。

（3）弹性极限 σ_e，即材料发生可逆的弹性变形的上限应力值，应力超过此值，则材料发生塑性变形。

（4）弹性比功，即材料开始塑性变形前单位体积所能吸收的弹性变形功，又称弹性比能或应变比能，用 α_e 表示，它在数值上等于应力-应变曲线弹性段以下所包围的面积。

大多数高分子材料的高弹性大体也具有这种"平衡高弹性"。但还有一些高分子材料，如橡胶，特别是其在低温和老化状态时，高弹性表现出强烈的时间依赖性。

4.2.3　黏弹性

应变不仅取决于应力，而且取决于应力作用的速率，即应变不随作用力即时建立平衡，而有所滞后，如图4-1所示。这种特性称为黏弹性，或称为滞弹性，它是高聚物的一个重要特性。

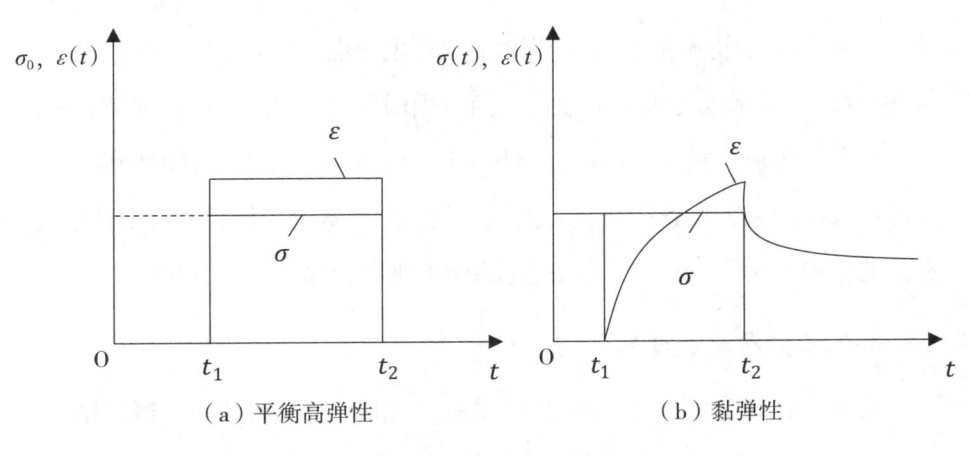

图4-1　应力、应变与时间的关系

黏弹性产生的原因是链段的运动遇到困难，需要时间来调整构象以适应外力的要求。所以，应力作用的速度越快，链段越来不及作出反应，则黏弹性越显著。黏弹性的主要表现有蠕变、应力松弛和内耗等。

4.2.3.1 蠕变

材料在恒力作用下，应变随时间变化的现象称为蠕变。

金属蠕变是在高温下发生的力学行为，而高分子材料的蠕变则在室温下即可发生。例如，架空的聚氯乙烯电线导管，在电线和自重作用下发生缓慢的翘曲变形。高分子材料蠕变机理一般认为是高分子链在外力长时间作用下发生了构象变化或位移而引起的。影响蠕变的因素主要有高分子材料的结构、温度及外力的大小。当高分子链柔性大、温度高、外力大时，蠕变加剧。

高分子材料的蠕变比其他材料严重，这是作为结构材料使用时必须解决的问题。如果高分子材料零件在使用过程中产生蠕变，将导致零件的失效。

4.2.3.2 应力松弛

金属受应力作用超过屈服极限时，将发生塑性变形并使应力自行消失。与此类似，有的高分子材料在受力时所产生的应力也会随时间而逐渐衰减，这种现象称为应力松弛。例如，密封管道的法兰橡皮垫圈，长时间使用后会产生渗漏现象，这就是由应力松弛引起的。和蠕变一样，应力松弛也是在力的作用下大分子链产生构象的改变和位移所造成的。

4.2.3.3 滞后与内耗

高分子材料受交变载荷作用时，如橡胶轮胎、传送带或减振器工作时，产生伸-缩循环应变。

如图4-2所示，拉伸时，应力与应变沿线 ACB 变化，卸载回缩时沿线 BDA 变化。在同一应力作用下，回缩与拉伸的变形值不同，回缩时的应变大于拉伸时的应变，出现应变落后于应力变化的滞后现象。滞后现象的产生是大分子链改变构象产生变形的速度跟不上应力变化的速度所致。

图4-2中，ACBDA 所围面积即为一次循环加载中高聚物所净接受的能量。这些能量消耗于分子链之间的内摩擦，变为热能，称为内耗。内耗的存在会导致高聚物温度的升高，加速其老化。例如，高速飞驶的橡胶车轮温度可达 100 ℃以上，它将导致橡胶的老化加速。但内耗能吸收振动波，有利于高聚物减振性能的提高。例如，丁基橡胶弹性滞后很大，这种材料常用作减振元件。

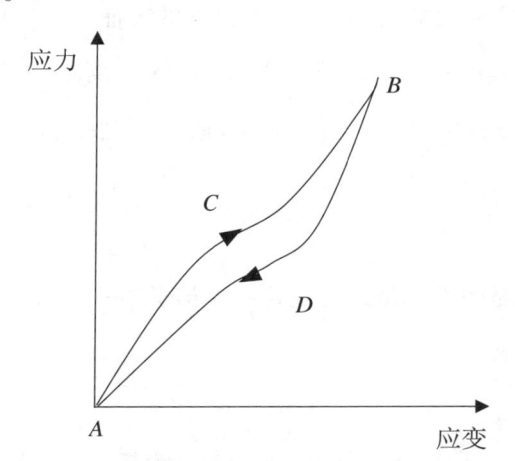

图 4-2　橡胶在一个承受周期中的应力-应变曲线

4.2.3.4　塑性变形

塑性变形是微观结构的相邻部分产生永久性位移，而不引起材料断裂的现象。塑性变形是一种不可逆变形。塑性变形主要是由切应力引起的。材料塑性变形过程中仍然保留着弹性变形，所以整个变形过程是弹性加塑性变形过程，可称为弹塑性变形。结晶态高分子材料塑性变形是由薄晶转变为沿应力方向排列的微纤维束的过程。非晶态高分子材料塑变变形是在正应力作用下形成银纹和切应力作用下无取向分子链局部转变为排列的纤维束。

塑性变形的力学性能指标如下：①屈服极限（$\sigma_y = \frac{F_y}{A_0}$），即材料的屈服极限定义为应力-应变曲线上屈服平台的应力；②抗拉强度（$\sigma_p = \frac{F_b}{A_0}$），即试样所能承受的最大载荷 F 与其原始截面积的比值，试样拉断前所承受的最大应力；③伸长率和断面收缩率。

4.2.3.5 弹性模量

单位应变所需应力的大小，是材料刚性的表征。模量的倒数称为柔量，是材料容易形变程度的一种表征。杨氏（压缩、拉伸）模量 E、剪切模量 G、泊松比 ν 并列为材料的三项基本物理特性参数，在材料力学、弹性力学中有广泛的应用。

1. 杨氏模量

杨氏模量就是弹性模量，这是材料力学里的一个概念。对于线弹性材料，以下公式成立

$$\sigma = E \cdot \varepsilon \qquad (4-1)$$

式中，σ 为正应力；ε 为正应变；E 为弹性模量，是与材料有关的常数，与材料本身的性质有关。

托马斯·杨研究了剪形变，认为剪应力是一种弹性形变。1807 年，杨提出弹性模量的定义，为此后人称弹性模量为杨氏模量。聚苯乙烯的杨氏模量为 $2 \times 10^{-9} \text{N/m}^2$，尼龙 66 的杨氏模量为 $1.0 \times 10^{-9} \text{N/m}^2$。

2. 剪切模量

剪切模量是材料在剪切应力作用下，在弹性变形比例极限范围内，切应力（τ）与切应变（γ）的比值，它表征材料抵抗切应变的能力。剪切模量大，则表示材料的刚性强。剪切模量的倒数称为剪切柔量，是单位剪切力作用下发生切应变的量度，可表示材料剪切变形的难易程度。聚乙烯（高结晶）的剪切模量为 $0.35 \times 10^{-9}\,\text{N/m}^2$，聚甲基丙烯酸甲酯的剪切模量 $1.55 \times 10^{-9}\,\text{N/m}^2$。

3. 泊松比

材料在拉伸时，不仅有轴向伸长，同时有横向收缩。横向应变对轴向应变之比称为泊松比，以 ν 表示：

$$\nu = \frac{\text{横向应变}}{\text{纵向应变}} = \frac{\Delta M / M_0}{\Delta L / L_0} \tag{4-2}$$

式中，ΔM 是横向尺寸的变化量，M_0 是初始横向尺寸；ΔL 是轴向尺寸的变化量，L_0 是初始轴向尺寸。

可以证明，在没有体积变化时，$\nu = 0.5$，橡胶拉伸时就是这种情况。其他材料拉伸时，$\nu < 0.5$。ν 与 E 和 G 之间有如下关系式

$$E = 2G(1 + \nu) \tag{4-3}$$

因为 $0 < \nu < 0.5$，所以 $2G < E \leq 3G$，也就是说 $E > G$，即拉伸比剪切困难。这是因为在拉伸时高分子链要断键，需要较大的力；剪切时是层间错动，较容易实现。

4.3 高分子材料的拉伸应力 – 应变特性

测量材料的应力 – 应变特性是研究材料强度和破坏的重要实验手段。一般是将材料制成标准试样，以规定的速度均匀拉伸，测量试样上的应力、

应变的变化，直到试样破坏。常用的哑铃形标准试样如图 4-3 所示，试样中部为测试部分，标距长度为 l_0，初始截面积为 A_0。

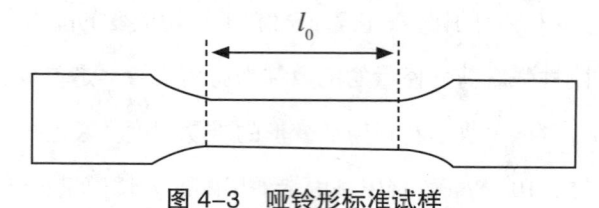

图 4-3　哑铃形标准试样

设以一定的力 F 拉伸试样，使两标距间的长度增至 l，定义试样中的应力和应变为

$$\sigma = \frac{F}{A_0} \qquad (4\text{-}4)$$

$$\varepsilon = \frac{l - l_0}{l_0} = \frac{\Delta l}{l_0} \qquad (4\text{-}5)$$

注意此处定义的应力 σ 等于拉力除以试样原始截面积 A_0，这种应力称工程应力或公称应力，并不等于材料所受的真实应力。典型高分子材料拉伸应力－应变曲线如图 4-4 所示。

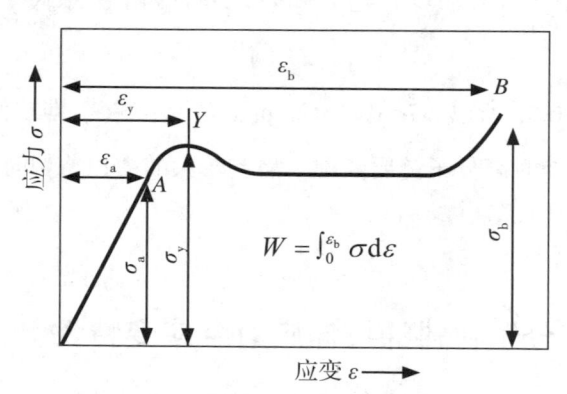

图 4-4　典型的拉伸应力－应变曲线

由于高分子材料种类繁多，实际得到的材料应力－应变曲线具有多种形状。归纳起来，可分为五类（图 4-5）。

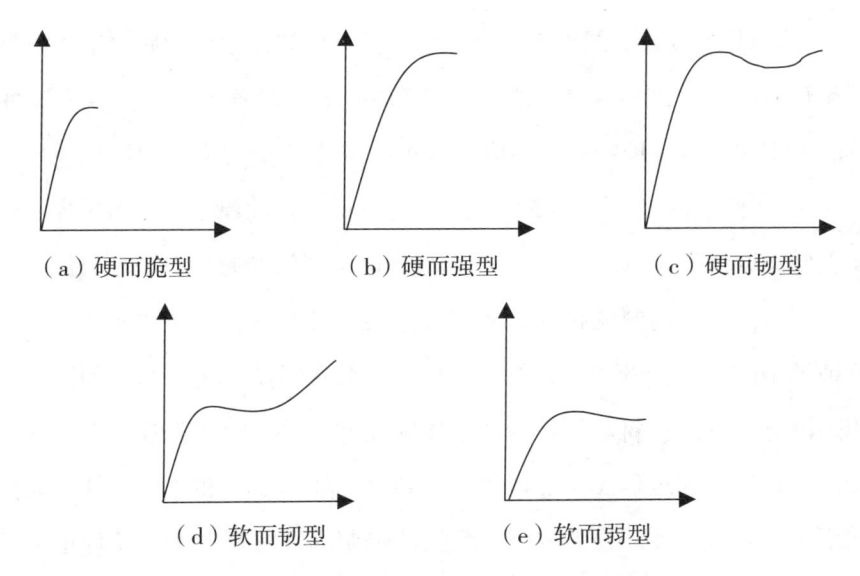

(a) 硬而脆型 (b) 硬而强型 (c) 硬而韧型

(d) 软而韧型 (e) 软而弱型

图 4-5　高分子材料应力-应变曲线的类型

（1）硬而脆型 [图 4-5（a）]：此类材料弹性模量高而断裂伸长率很小。在很小应变下，材料尚未出现屈服已经断裂，断裂强度较高。在室温或室温之下，聚苯乙烯、聚甲基丙烯酸甲酯、酚醛树脂等表现出硬而脆的拉伸行为。

（2）硬而强型 [图 4-5（b）]：此类材料弹性模量高，断裂强度高，断裂伸长率小。通常材料拉伸到屈服点附近就发生破坏（ε 大约为 5%）。硬质聚氯乙烯制品属于这种类型。

（3）硬而韧型 [图 4-5（c）]：此类材料弹性模量、屈服应力及断裂强度都很高，断裂伸长率也很大，应力-应变曲线下的面积很大，说明材料韧性好，是优良的工程材料。硬而韧的材料，在拉伸过程中显示出明显的屈服、冷拉或细颈现象，细颈部分可产生非常大的形变。随着形变的增大，细颈部分向试样两端扩展，直至全部试样测试区都变成细颈。很多工程塑料如聚酰胺、聚碳酸酯，以及醋酸纤维素、硝酸纤维素等属于这种材料。

（4）软而韧型［图4-5（d）］：此类材料弹性模量和屈服应力较低，断裂伸长率大（20%～1 000%），断裂强度可能较高，应力－应变曲线下的面积大。各种橡胶制品和增塑聚氯乙烯具有这种应力－应变特征。

（5）软而弱型［图4-5（e）］：此类材料弹性模量低，断裂强度低，断裂伸长率也不大。一些聚合物软凝胶和干酪状材料具有这种特性。

实际高分子材料的拉伸行为非常复杂，可能不具备上述典型性，或是几种类型的组合。例如，有的材料拉伸时存在明显的屈服和"颈缩"，有的则没有；有的材料断裂强度高于屈服强度、有的则屈服强度高于断裂强度等。材料拉伸过程还明显地受环境条件（如温度）和测试条件（如拉伸速率）的影响，硬而强型的硬质聚氯乙烯制品在很慢速率下拉伸也会发生大于100%的断裂伸长率，显现出硬而韧型特点。因此，规定标准的实验环境温度和标准拉伸速率是很重要的。

4.4 影响拉伸行为的外部因素

4.4.1 温度

环境温度对高分子材料拉伸行为的影响十分显著。温度升高，高分子链段热运动加剧，松弛过程加快，表现出材料模量和强度下降，伸长率变大，应力－应变曲线形状发生很大变化。图4-6是聚甲基丙烯酸甲酯在不同温度下的应力－应变曲线。图中可见，随着温度升高，应力－应变曲线由硬而脆型转为硬而韧型，再转为软而韧型。材料力学状态由玻璃态转为高弹态，再转为黏流态。

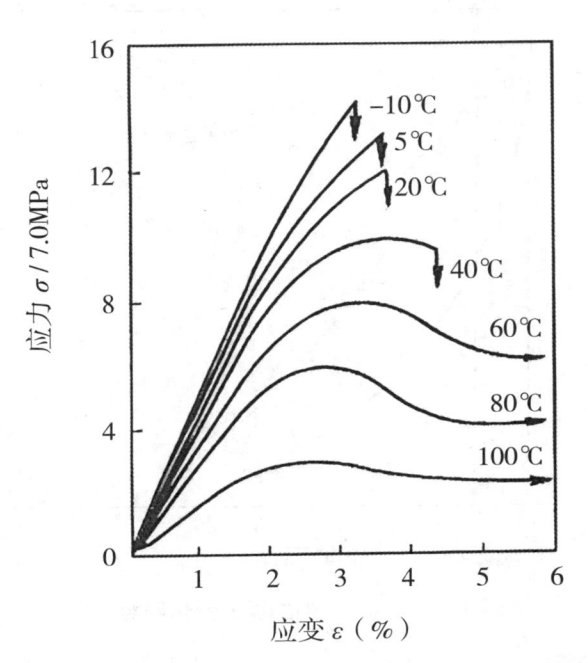

图 4-6 聚甲基丙烯酸甲酯的应力-应变曲线随环境温度的变化（常压下）

材料的拉伸断裂强度 σ_B 和屈服强度 σ_y 也随环境温度而发生变化，变化规律如图 4-7 所示。图 4-7 中两曲线的变化规律不同，屈服强度受温度变化的影响更大些。两曲线交点对应的温度称脆-韧转变温度 T_t。当环境温度小于 T_t 时，材料的 $\sigma_B < \sigma_y$，说明受到外力作用时，材料未屈服之前先已断裂，断裂伸长率很小，呈脆性断裂特征。环境温度高于 T_t 时，材料 $\sigma_B > \sigma_y$，受到外力作用时，材料先屈服，出现细颈和很大的变形后才断裂，呈韧性断裂特征。在温度升高过程中，材料发生脆-韧转变。

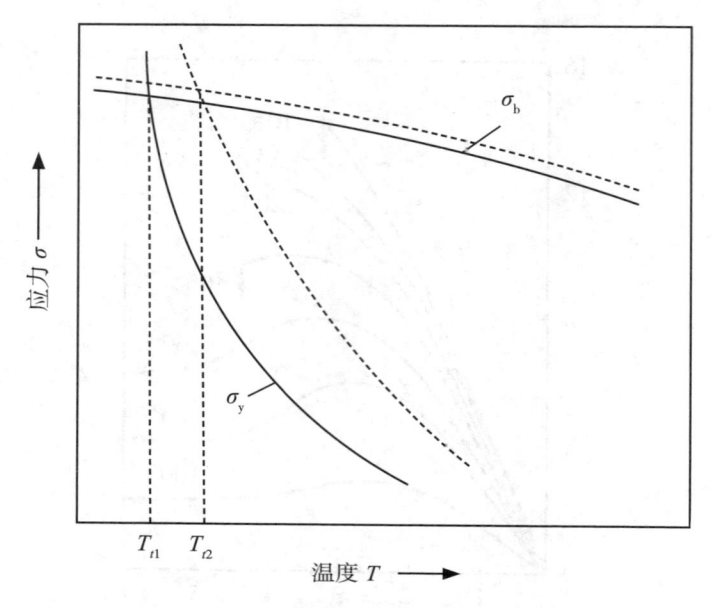

图 4-7　σ_B 和 σ_y 随温度的变化趋势

4.4.2　拉伸速率

高分子材料拉伸行为还与拉伸速率有关。减慢拉伸速率，一种原来脆断的材料也可能出现韧性拉伸的特点。减慢拉伸速率与升高环境温度对材料拉伸行为有相似的影响，这是时–温等效原理在高分子力学行为中的体现。拉伸速率对材料的断裂强度 σ_B 和屈服强度 σ_y 也有明显影响，图 4-8 给出 σ_B 和 σ_y 随拉伸速率的变化趋势。与脆–韧转变温度相似，根据图中两曲线交点，可以定义脆–韧转变（拉伸）速率 ε_t。拉伸速率高于 ε_t 时，材料呈脆性断裂特征；低于 ε_t 时，呈韧性断裂特征。

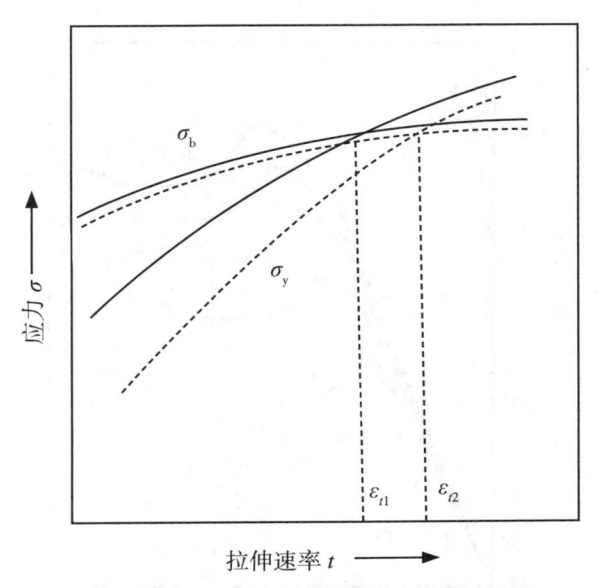

图 4-8 σ_B 和 σ_y 随拉伸速率的变化趋势

4.4.3 环境压力

研究发现，对许多非晶聚合物，如聚苯乙烯、聚甲基丙烯酸甲酯等，其脆–韧转变行为还与环境压力有关。图 4-9 给出聚苯乙烯的应力–应变曲线随环境压力的变化情形。由图 4-9 可见，聚苯乙烯在低环境压力（常压）下呈脆性断裂特点，强度与断裂伸长率都很低。随着环境压力升高，材料强度增高，伸长率变大，出现典型屈服现象，材料发生脆–韧转变。

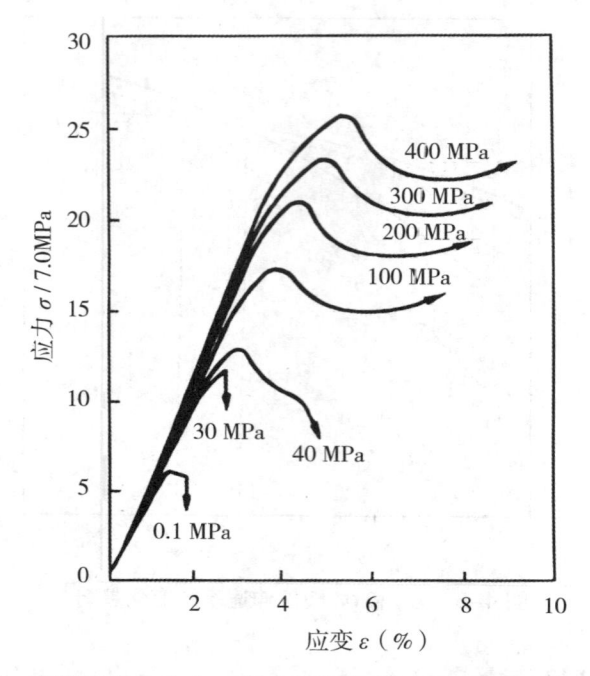

图 4-9 聚苯乙烯的应力–应变曲线随环境压力的变化（T=31℃）

4.5 强迫高弹形变与"冷拉伸"

已知环境对高分子材料拉伸行为有显著影响，此处再重点介绍在特殊环境条件下，高分子材料的两种特殊拉伸行为。

4.5.1 非晶聚合物的强迫高弹形变

研究聚合物拉伸破坏行为时，特别要注意在较低温度下聚合物被拉伸、屈服、断裂的情形。对于非晶聚合物，当环境温度处于 $T_b < T < T_g$ [①] 时，

---

① 注：T_b 在非晶聚合物中通常指的是脆化温度；T_g 代表玻璃化转变温度。

虽然材料处于玻璃态，链段冻结，但在恰当速率下拉伸，材料仍能发生百分之几百的大变形，这种变形称强迫高弹形变。这种现象既不同于高弹态下的高弹形变，也不同于黏流态下的黏性流动，这是一种独特的力学行为。现象的本质是在高应力下，原来卷曲的分子链段被强迫发生运动、伸展，发生大变形，如同处于高弹态的情形。这种强迫高弹形变在外力撤销后，通过适当升温（$T > T_g$）仍可恢复或部分恢复。

强迫高弹形变能够产生，说明提高应力可以促进分子链段在作用力方向上的运动，如同升高温度一样，起到某种"活化"作用。从链段的松弛运动来讲，提高应力降低了链段在作用力方向上的运动活化能，减少了链段运动的松弛时间，使得在玻璃态被冻结的链段能越过势垒而运动。研究表明，链段松弛时间 τ 与外应力 σ 之间有如下关系：

$$\tau = \tau_0 \exp\left[\frac{\Delta E - \gamma\sigma}{RT}\right] \quad (4-6)$$

式中，ΔE 是链段运动活化能，γ 是材料常数，τ_0 是未加应力时链段运动松弛时间。由式（4-6）可见，σ 越大，τ 越小，σ 降低了链段运动活化能。当应力增加致使链段运动松弛时间减小到与外力作用时间同一数量级时，就可能产生强迫高弹变形。

4.5.2 晶态聚合物的"冷拉伸"

结晶聚合物也能产生强迫高弹变形，这种形变称"冷拉伸"。结晶聚合物具有与非晶聚合物相似的拉伸应力－应变曲线，如图4-10所示。图4-10中，当环境温度低于熔点时（$T < T_m$），虽然晶区尚未熔融，但是材料也发生了很大拉伸变形，见图中曲线3、4、5，称发生了"冷拉伸"。

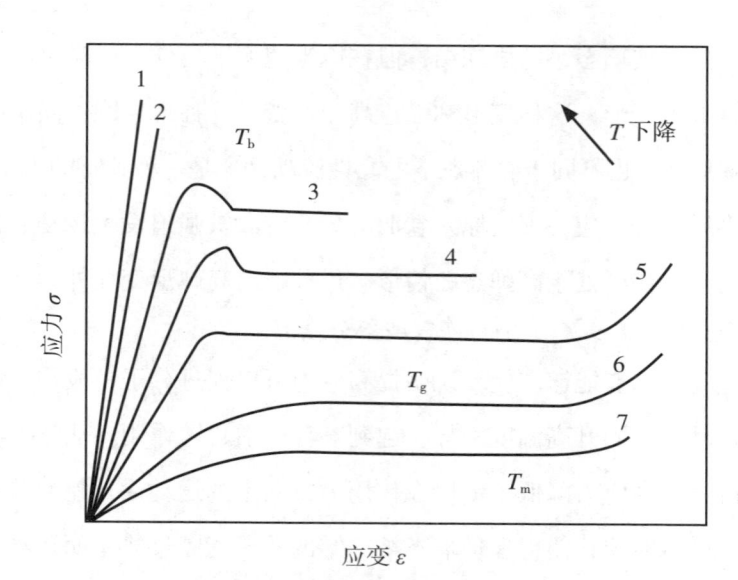

图 4-10 结晶聚合物在不同温度下的应力－应变曲线

发生冷拉伸之前，材料有明显的屈服现象，表现为试样测试区内出现一处或几处"颈缩"。随着冷拉伸的进行，细颈部分不断发展，形变量不断增大，而应力几乎保持不变，直到整个试样测试区全部变细。再继续拉伸，应力将上升（应变硬化），直至断裂。

虽然冷拉伸也属于强迫高弹形变，但两者的微观机理不尽相同。结晶聚合物从远低于玻璃化温度直到熔点附近一个很大温区内都能发生冷拉伸。在微观上，冷拉伸是应力作用使原有的结晶结构破坏，球晶、片晶被拉开分裂成更小的结晶单元，高分子链从晶体中被拉出、伸直，沿着拉伸方向排列。

实现强迫高弹形变和冷拉伸必须有一定条件，关键有两点：一是材料屈服后应表现出软化效应；二是扩大应变时应表现出材料硬化效应，软、硬恰当，才能实现大变形和冷拉伸。环境温度、拉伸速率、相对分子质量都对冷拉伸有明显影响。温度过低或拉伸速率过高，高分子链松弛运动不充分，会造成应力集中，使材料过早破坏。温度过高或拉伸速率过低，高分子链可能发生滑移而流动，造成断裂。相对分子质量较低的聚合物，高分子链短，不能够充分拉伸、取向，这也会使材料在屈服点后不久就发生破坏。

4.6 高分子材料的断裂

4.6.1 脆性断裂和韧性断裂

从材料的承载方式来分，高分子材料的宏观破坏可分为快速断裂、蠕变断裂（静态疲劳）、疲劳断裂（动态疲劳）、磨损断裂及环境应力开裂等多种形式。从断裂的性质来分，高分子材料的宏观断裂可分为脆性断裂和韧性断裂两大类。发生脆性断裂时，断裂表面较光滑或略有粗糙，断裂面垂直于主拉伸方向，试样断裂后，残余形变很小。发生韧性断裂时，断裂面与主拉伸方向多呈 45°，断裂表面粗糙，有明显的屈服（塑性变形、流动等）痕迹，形变不能立即恢复。

分析条形试样中的内应力分布。如图 4-11 所示，设试样横截面积为 A_0，作用于其上的拉力为 F，可以求得在试样内部任一斜截面 A_θ 上的法向应力 σ_n 和切向应力 σ_t 分别为

$$\sigma_n = \frac{F_n}{A_\theta} = \frac{F \cdot \cos\theta}{A_0 / \cos\theta} = \frac{F}{A_0} \cdot \cos^2\theta = \sigma_0 \cdot \cos^2\theta \quad (4-7)$$

$$\sigma_t = \frac{F_t}{A_\theta} = \frac{F \cdot \sin\theta}{A_0 / \cos\theta} = \frac{F}{A_0} \sin\theta \cdot \cos\theta = \frac{1}{2}\sigma_0 \cdot \sin 2\theta \quad (4-8)$$

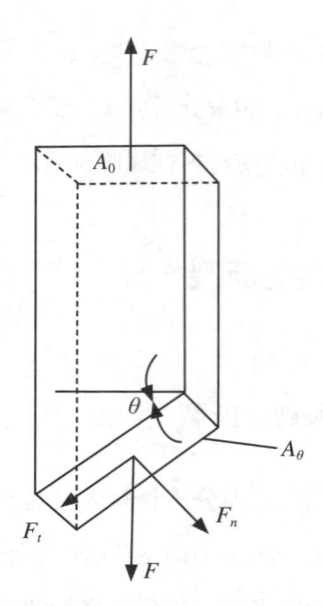

图 4-11　拉伸试样内斜截面上的应力分布

在不同角度的斜截面 A_θ 上，法向应力和切向应力值不同。在斜角 $\theta = 0°$ 的截面上（横截面），法向应力 σ_n 的值最大；在 $\theta = 45°$ 的截面上，切向应力 σ_t 值最大。注意法向应力 σ_n 与材料的抗拉伸能力有关，而抗拉伸能力极限值主要取决于分子主链的强度（键能）。因此，材料在 σ_n 作用下发生破坏时，往往伴随主链的断裂。切向应力 σ_t 与材料的抗剪切能力相关，极限值主要取决于分子间内聚力。材料在 σ_t 作用下发生屈服时，往往发生高分子链的相对滑移（图 4-12）。在外力场作用下，材料内部的应力分布与应力变化十分复杂，断裂和屈服都有可能发生，处于相互竞争状态。

已知不同的高分子材料本征地具有不同的抗拉伸和抗剪切能力。我们定义材料的最大抗拉伸能力为临界抗拉伸强度 σ_{nc}；最大抗剪切能力为临界抗剪切强度 σ_{tc}。若材料的 $\sigma_{nc} < \sigma_{tc}$，则在外应力作用下，往往材料的抗拉伸能力首先支持不住，而抗剪切能力尚能坚持，此时材料破坏主要表现

为以主链断裂为特征的脆性断裂，断面垂直于拉伸方向（$\theta=0°$），断面光滑。若材料的$\sigma_{tc}<\sigma_{nc}$，应力作用下材料的抗剪切能力首先破坏，抗拉伸能力尚能坚持，则往往首先发生屈服，高分子链段相对滑移，沿剪切方向取向，继之发生的断裂为韧性断裂，断面粗糙，通常与拉伸方向的夹角$\theta=45°$。

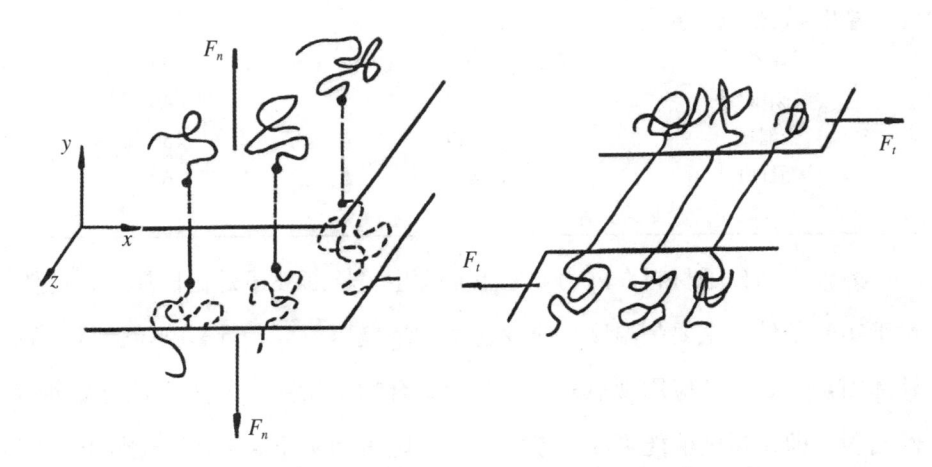

（a）垂直应力下的分子链断裂　　（b）剪切应力下的分子链滑移

图 4-12　垂直应力下的分子链断裂和剪切应力下的分子链滑移

由此，我们可以根据材料的本征强度对材料的脆、韧性规定一个判据：凡$\sigma_{nc}<\sigma_{tc}$的，发生破坏时首先为脆性断裂的材料为脆性材料；而$\sigma_{tc}<\sigma_{nc}$的，容易发生韧性屈服的材料为韧性材料。表 4-1 给出几种典型高分子材料在室温下σ_{nc}、σ_{tc}的值。可以看出，聚苯乙烯、丙烯腈-苯乙烯共聚物的$\sigma_{nc}<\sigma_{tc}$，为典型脆性高分子材料；聚碳酸酯、聚醚砜、聚醚醚酮的σ_{tc}远远小于σ_{nc}，为典型韧性高分子材料。

表 4-1　几种典型高分子材料在室温下 σ_{nc}、σ_{tc} 的值（T=23 ℃）

聚合物	σ_{nc} / MPa	σ_{tc} / MPa
聚苯乙烯	40	48
丙烯腈 – 苯乙烯共聚物	56	73
聚甲基丙烯酸甲酯	74	49
聚氯乙烯	67	39
聚碳酸酯	87	40
聚醚砜	80	56
聚醚醚酮	120	62

另外，高分子材料在外力作用下是发生脆性断裂还是韧性屈服，还依赖于实验条件，主要是温度、应变速率和环境压力，参看影响拉伸行为的外部因素一节。从应用观点来看，希望聚合物制品受外力作用时先发生韧性屈服，即在断裂前能吸收大量能量，以阻碍和防止断裂，而脆性断裂则是工程应用中需要尽力避免的。

4.6.2　断裂过程与断裂的分子理论

一般认为，高分子材料的断裂过程为个别处于高应力集中区的原子键首先断裂，然后出现亚微观裂纹，再发展成材料宏观破裂，即经历一个从裂纹引发（成核）到裂纹扩展的过程。

在外应力作用下材料发生形变后，微观分子链范围内会引起各种响应，这些响应包括以下几个方面：①无规线团高分子链沿应力方向展开或取向；②半伸展高分子链完全伸直，并承受弹性应力；③分子间次价键断裂，造成局部分子链段滑移或流动等。由于材料内部存在微晶，或化学交联，或物理缠结等制约结构，有些高分子链运动受阻，从而使个别高分子链段处于高应力状态。这些处于高度伸直状态的高分子链在应力涨落和热运动涨落综合作用下，会首先发生断裂。断裂的结果使应力重新分布，一种可能使应力分布趋于均匀，断裂过程结束；另一种可能使应力分布更加不均匀，高分子链断裂过程加速，发展成微裂纹（微空穴）。继续承受应力，微空穴合并，发展成大裂缝或缺陷。待到裂缝扩展到整个试样就发生宏观破裂。由此可见，在断裂的全过程中（包括裂纹引发和裂纹扩展），高分子链的断裂都起关键作用。

断裂的分子理论认为，材料宏观断裂过程可看成微观上原子键断裂的热活化过程，这个过程与时间有关。设材料从完好状态到断裂所需的时间为材料的承载寿命 τ，承载寿命越长，材料越不易断裂。在拉伸应力 σ 作用下，材料寿命与所加应力有如下关系：

$$\tau = \tau_0 \exp\left(\frac{U - \gamma\sigma}{RT}\right) \qquad (4\text{-}9)$$

式中，τ_0 为材料常数；U 为断裂过程摩尔活化能；γ 称摩尔活化体积，与高分子链结构和分子间作用力有关。由式（4-9）可见，外力 σ 降低了活化势垒，使材料承载寿命降低，加速了材料的破坏。温度升高，材料寿命也降低，强度下降。将上式取对数，得

$$\ln \tau = C + \frac{U - \gamma\sigma}{RT} \qquad (4\text{-}10)$$

依据上式可求出材料断裂活化能 U。对一些聚合物的研究结果表明，由上述方法求得的 U 与这些聚合物的热分解活化能 U' 非常接近，进一步证实聚合物材料的断裂是发生在化学键上。

4.7 高分子材料的强度

4.7.1 理论强度和实际强度

理论强度是人们从化学结构假设的材料极限强度。高分子材料的破坏是由化学键断裂引起的，因此，可从拉断化学键所需做的功计算其理论强度。

就碳链聚合物而言，已知C—C键能约为335～378 kJ/mol，相当于每键的键能为 5×10^{-19} ～ 6×10^{-19} J。这些能量可近似看作克服成键的原子引力 f，将两个C原子分离到键长的距离 d 所做的功 W。C—C键长 $d=0.154$ nm，由此算出一个共价键力 f 为

$$f=\frac{W}{d}=(3\sim4)\times10^{-9}\text{ N} \qquad (4-11)$$

由X射线衍射实验测材料的晶胞参数，可求得大分子链横截面积。如求得聚乙烯分子链横截面为 $S_0=20\times10^{-20}$ m^2，由此得到高分子材料的理论强度为

$$\sigma_{\text{theo}}=2\times10^4\text{ MPa} \qquad (4-12)$$

实际上高分子材料的强度比理论强度小得多，仅为几个到几十兆帕。为什么实际强度与理论强度差别如此之大？研究表明，材料内部微观结构的不均匀和缺陷是导致强度下降的主要原因。实际高分子材料中总是存在这样那样的缺陷，如表面划痕、杂质、微孔、晶界及微裂缝等，这些缺陷尺寸很小但危害很大。实验观察到在玻璃态聚合物中存在大量尺寸为100 nm的孔穴，聚合物生产和加工过程中又难免引入许多杂质和缺陷。在材料使用过程中，由于孔穴的应力集中效应，有可能使孔穴附近分子链承受的应力

超过实际材料所受的平均应力几十倍或几百倍,以至达到材料的理论强度,使材料在这些区域首先破坏,继而扩展到材料整体。

4.7.2 影响断裂强度的因素

4.7.2.1 相对分子质量影响

相对分子质量是对高分子材料力学性能(包括强度、弹性、韧性)起决定性作用的结构参数。低分子有机化合物一般没有力学强度(多为液体),高分子材料要获得强度,必须具有一定的聚合度,使分子间作用力足够大才行。不同聚合物,要求的最小聚合度不同。例如,分子间有氢键作用的聚酰胺类约为40个链节,聚苯乙烯约80个链节。超过最小聚合度,随相对分子质量增大,材料强度逐步增大。但当相对分子质量相当大,致使分子间作用力的总和超过了化学键能时,材料强度主要取决于化学键能的大小,这时材料强度不再依赖相对分子质量而变化(图4-13)。另外,相对分子质量分布对材料强度的影响不大。

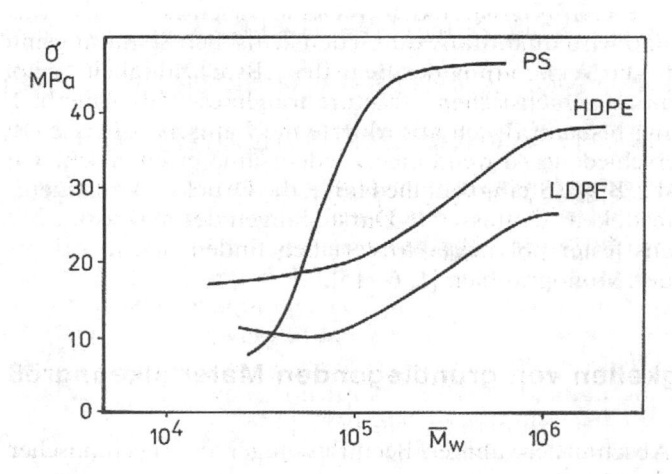

图4-13 聚苯乙烯和聚碳酸酯的拉伸强度与相对分子质量的关系

4.7.2.2 结晶

结晶对高分子材料力学性能的影响也十分显著，主要影响因素有结晶度、晶粒尺寸和晶体结构。结晶的一般影响规律：随着结晶度上升，材料的屈服强度、断裂强度、硬度、弹性模量均提高，但断裂伸长率和韧性下降。这是由于结晶使分子链排列紧密有序，孔隙率低，分子间作用增强。表4-2给出了聚乙烯的断裂性能与结晶度的关系。

表4-2 聚乙烯的断裂性能与结晶度的关系

结晶度 / %	65	75	85	95
断裂强度 / MPa	14.4	18	25	40
断裂伸长率 / %	500	300	100	20

晶粒尺寸和晶体结构对材料强度的影响更大。均匀小球晶能使材料的强度、伸长率、模量和韧性得到提高，而大球晶将使断裂伸长和韧性下降。大量的均匀小球晶分布在材料内，起到类似交联点的作用，使材料应力-应变曲线由软而弱型转为软而韧型，甚至转为有屈服的硬而韧型（图4-14）。因此改变结晶过程，如采用淬火，或添加成核剂，都有利于均匀小球晶生成，从而可以提高材料强度和韧性，如在聚丙烯中添加草酸酰作为晶种。表4-3给出聚丙烯的拉伸性能受球晶尺寸的影响。晶体形态对聚合物拉伸强度的影响规律是，同一聚合物伸直链晶体的拉伸强度最大；串晶次之；球晶最小。

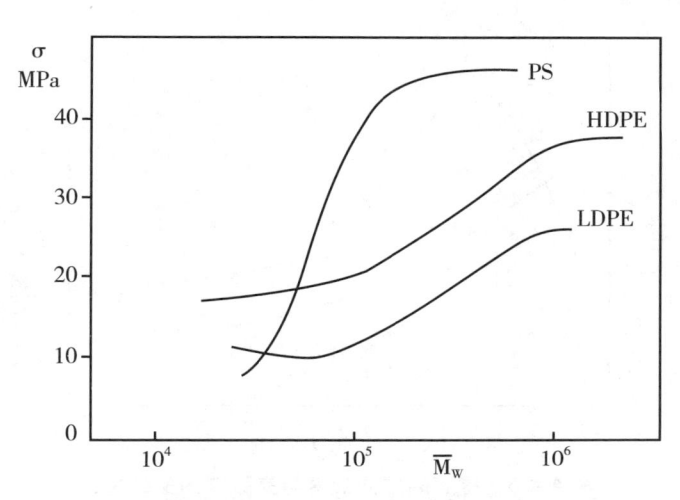

图 4-14　聚丙烯应力-应变曲线与球晶尺寸的关系

表 4-3　聚丙烯拉伸性能与球晶尺寸的关系

球晶尺寸 / μm	拉伸强度 / MPa	断裂伸长率 / %
10	30.0	500
100	22.5	25
200	12.5	25

4.7.2.3　交联

交联一方面可以提高材料的抗蠕变能力，另一方面也能提高断裂强度。一般认为，对于玻璃态聚合物，交联对脆性强度的影响不大；但对高弹态材料的强度影响很大。

随交联程度提高，橡胶材料的拉伸模量和强度都大大提高，达到极值强度后，又趋于下降；断裂伸长率则连续下降（图 4-15）。热固性树脂，由于相对分子质量量很低，如果不进行交联，几乎没有强度（液态）。固化以后，分子间形成密集的化学交联，使断裂强度大幅度提高。

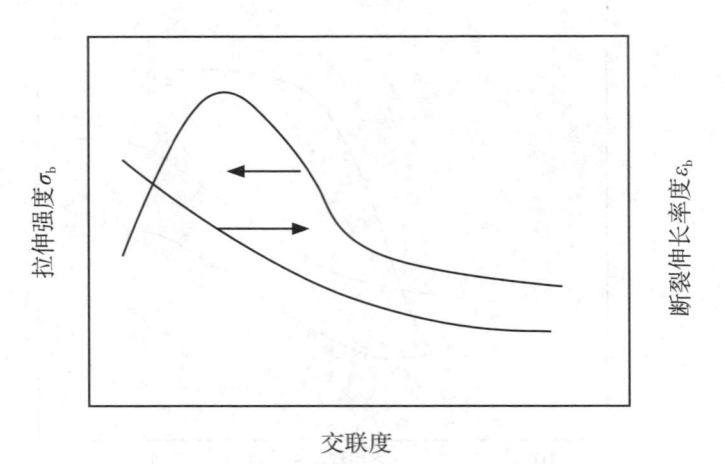

图 4-15 橡胶的拉伸强度与交联剂用量的关系

4.7.2.4 取向

加工过程中高分子链沿一定方向取向，使材料力学性能产生各向异性，在取向方向得到增强。对于脆性材料，取向使材料在平行于取向方向的强度、模量和伸长率提高，甚至出现脆-韧转变，而在垂直于取向方向的强度和伸长率降低。对于延性、易结晶材料，在平行于取向方向的强度、模量提高，在垂直于取向方向的强度下降，伸长率增大。

4.7.2.5 温度与形变速率

温度对断裂强度影响较小，而对屈服强度影响较大。温度升高，材料屈服强度明显降低。按照时-温等效原则，形变速率对材料屈服强度的影响也较明显。拉伸速率提高，屈服强度上升。当屈服强度大到超过断裂强度时，材料受力后，尚未屈服已先行断裂，呈现脆性断裂特征。因此，评价高分子材料的脆、韧性质是有条件的，一个原本在高温下、低拉伸速率的韧性材料，处于低温或用高速率拉伸时，会呈现脆性破坏。所以就材料增韧改性而言，提高材料的低温韧性是十分重要的。

4.8 高分子材料的增强改性

由于高分子材料的实际力学强度、模量比金属、陶瓷低得多，应用受到限制，因而高分子材料的增强改性十分重要。改性的基本思想是用填充、混合、复合等将增强材料加入聚合物基体，提高材料的力学强度或其他性能。常用的增强材料有粉状填料（零维材料）、纤维（一维材料）等。除增强材料本身应具有较高力学强度外，增强材料的均匀分散、取向，以及增强材料与聚合物基体的良好界面亲和，也是提高增强改性效果的重要措施。

4.8.1 粉状填料增强

粉状填料的增强效果主要取决于填料的种类、尺寸、用量、表面性质，以及填料在高分子基材中的分散状况。按性能分，粉状填料可分为活性填料和惰性填料两类；按尺寸分，可分为微米级填料、纳米级填料等。

由于在高分子材料中加入填料等于加入杂质和缺陷，有引发裂纹和加速破坏的副作用，因此对填料表面进行恰当处理，加强它与高分子基体的亲和性，同时防止填料结团，促进填料均匀分散，始终是粉状填料增强改性中人们关心的焦点。这些除与填料本身性质有关外，改性工艺、条件、设备等也都起重要作用。

炭黑是典型活性填料，尺寸在亚微米级，炭黑增强橡胶是最突出的粉状填料增强聚合物材料的例子，增强效果十分显著。表4-4列出了几种橡胶用炭黑或白炭黑（二氧化硅）增强改性的效果。可以看出，非结晶型的丁苯橡胶和丁腈橡胶，经炭黑增强后拉伸强度提高10倍之多。若不进行增强，这些橡胶没有多大实用价值。

表 4-4　几种橡胶采用炭黑增强的效果对比

橡胶		拉伸强度 / MPa		增强倍数
		纯胶	含炭黑橡胶	
非结晶型	硅橡胶 [①]	0.34	13.7	40
	丁苯橡胶	1.96	19.0	10
	丁腈橡胶	1.96	19.6	10
结晶型	天然橡胶	19.0	31.4	1.6
	氯丁橡胶	14.7	25.0	1.7
	丁基橡胶	17.6	18.6	1.1

　　活性填料的增强效果主要来自其表面活性。炭黑粒子表面带有好几种活性基团（羧基、酚基、醌基等），这些活性基团与橡胶大分子链接触，会发生物理的或化学的吸附。吸附有多条大分子链的炭黑粒子具有均匀分布应力的作用，当其中某一条大分子链受到应力时，可通过炭黑粒子将应力传递到其他分子链上，使应力分散。而且即便发生某一处网链断裂，由于炭黑粒子的"类交联"作用，其他分子链仍能承受应力，不致迅速危及整体，降低发生断裂的可能性而起增强作用。

　　碳酸钙、滑石粉、陶土，以及各种金属或金属氧化物粉末属于惰性填料。对于惰性填料，需要经过化学改性赋予粒子表面一定的活性，才具有增强作用。例如，用表面活性物质（如脂肪酸、树脂酸）处理，或用偶联剂（如钛酸酯、硅烷等）处理，或在填料粒子表面化学接枝大分子等都有很好的效果。惰性填料除增强作用外，还能赋予高分子材料其他特殊性能和功能，如导电性、润滑性、高刚性等，提高材料的性价比。

[①] 注：白炭黑补强。

4.8.2 纤维增强

纤维增强塑料是利用纤维的高强度、高模量、尺寸稳定性和树脂的低密度、强韧性设计制备的一种复合材料。两者取长补短，复合的同时既克服了纤维的脆性，也提高了树脂基体的强度、刚性、耐蠕变性和耐热性。

常用的纤维材料有玻璃纤维、碳纤维、硼纤维、天然纤维等。基体材料有热固性树脂，如环氧树脂、不饱和聚酯树脂、酚醛树脂；也有热塑性树脂，如聚乙烯、聚苯乙烯、聚碳酸酯等。用玻璃纤维或其他织物与环氧树脂、不饱和聚酯等复合制备的玻璃钢材料，是一种力学性能很好的高强轻质材料，其比强度、比模量不仅超过钢材，也超过其他许多材料，成为航空航天技术中的重要材料。表4-5给出了用玻璃纤维增强热塑性塑料的性能数据，可以看到，增强后复合材料的性能均超过纯塑料性能，特别拉伸强度、弹性模量得到大幅度提高。

表 4–5 玻璃纤维增强的某些热塑性塑料的性能 [①]

材料	拉伸强度 / Pa	伸长率 /%	冲击强度（缺口）/($J \cdot m^{-1}$)	弹性模量 / Pa	热变形温度（1.86 MPa）/ K
聚乙烯（未增强）	2.25×10^7	60	78.5	0.78×10^9	321
聚乙烯（增强）	7.55×10^7	3.8	236	6.19×10^9	399
聚苯乙烯（未增强）	5.79×10^7	2.0	15.7	2.75×10^9	358
聚苯乙烯（增强）	9.60×10^7	1.1	131	8.34×10^9	377
聚碳酸酯（未增强）	6.18×10^7	60 ~ 166	628	2.16×10^9	405 ~ 471
聚碳酸酯（增强）	1.37×10^8	1.7	196 ~ 470	1.17×10^{10}	420 ~ 422
尼龙 66（未增强）	6.86×10^7	60	54	2.75×10^9	339 ~ 359

① 注：均含玻璃纤维 20% ~ 40%。

续表

材料	拉伸强度 / Pa	伸长率 /%	冲击强度（缺口）/(J·m^{-1})	弹性模量 / Pa	热变形温度（1.86 MPa）/ K
尼龙 66（增强）	2.06×10^8	2.2	199	$5.98 \times 10^9 \sim 1.255 \times 10^{10}$	>473
聚甲醛（未增强）	6.86×10^7	60	74.5	2.75×10^9	383
聚甲醛（增强）	8.24×10^7	1.5	42	5.59×10^9	441

纤维增强塑料的机理是依靠两者复合作用。纤维具有高强度，可以承受高应力，树脂基体容易发生黏弹变形和塑性流动，它们与纤维黏结在一起可以传递应力。图 4-16 给出了这种复合作用示意图。材料受力时，首先由纤维承受应力，个别纤维即使发生断裂，由于树脂的黏结作用和塑性流动，断纤维被拉开的趋势得到抑制，断纤维仍能承受应力。树脂与纤维的黏结还具有抑制裂纹传播的效用。材料受力引发裂纹时，软基体依靠切变作用能使裂纹不沿垂直应力的方向发展，而发生偏斜，使断裂功有很大一部分消耗于反抗基体对纤维的黏着力，阻止裂纹传播。由此可见，纤维增强塑料时，纤维与树脂基体界面良好的黏合性是复合的关键。对于与树脂亲和性较差的纤维，如玻璃纤维，使用前应采用化学或物理方法对表面改性，提高其与基体的黏合力。

基于上述机理也可得知，在基体中，即使纤维都已断裂，或者直接在基体中加入经过表面处理的短纤维，只要纤维具有一定的长径比，使复合作用有效，仍可以达到增强效果。实际上短纤维增强塑料、橡胶的技术都有很好的发展，部分已应用于生产实践。按复合作用原理，短纤维的临界长度 L_c 可按下式计算：

$$L_c = d \cdot \frac{\sigma_{f,y}}{2\tau_{m,y}} \tag{4-13}$$

式中，$\sigma_{f,y}$ 为纤维的拉伸屈服应力，$\tau_{m,y}$ 为基体的剪切屈服应力，d 为纤维直径。

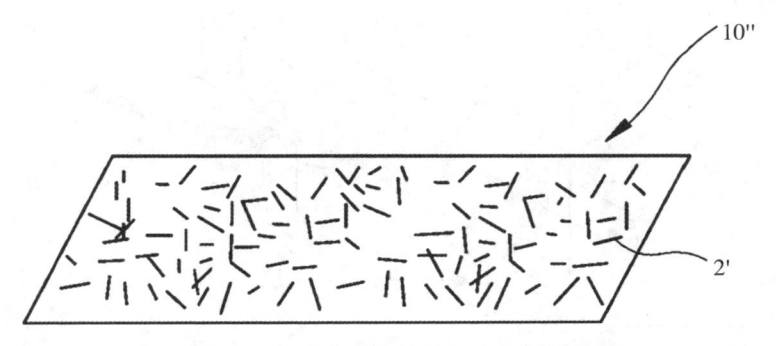

图 4-16　纤维增强塑料的复合作用示意图

4.9　高分子材料的抗冲击强度和增韧改性

高分子材料抗冲击强度是指标准试样受高速冲击作用断裂时，单位断面面积（或单位缺口长度）所消耗的能量。它描述了高分子材料在高速冲击作用下抵抗冲击破坏的能力和材料的抗冲击韧性，具有重要的工艺意义。但它不是材料的基本常数，其量值与试验方法和试验条件有关。它也不是标准的材料强度性能指标。

4.9.1　测定抗冲击强度

测定材料抗冲击强度的方法如下：①高速拉伸试验；②落锤式冲击试验；③摆锤式冲击试验。经常使用的是摆锤式冲击试验，根据试样夹持方式的不同，又分为悬臂梁式冲击试验机和简支梁式冲击试验机（图 4-17）。

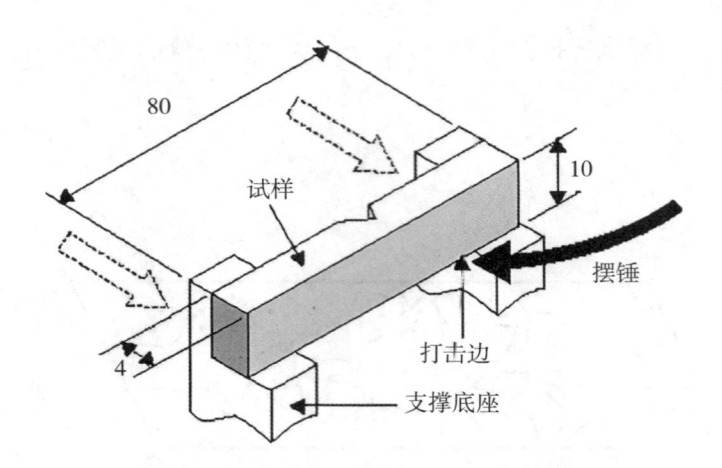

图 4-17 简支梁式冲击试验机示意图

采用简支梁式冲击试验时，将试样放于支架上（有缺口时，缺口背向冲锤），释放事先架起的冲锤，让其自由下落，打断试样，利用冲锤回升的高度，求出冲断试样所消耗的功 A，按下式计算抗冲击强度：

$$I_s = \frac{A}{b \cdot d} \qquad (4-14)$$

式中，b 和 d 分别为试样冲击断面的宽和厚，抗冲击强度单位为 kJ/m^2；若试验求算的是单位缺口长度所消耗的能量，单位为 kJ/m。

材料拉伸应力-应变曲线下的面积相当于试样拉伸断裂所消耗的能量，也表征材料韧性的大小。它与抗冲击强度不同，但两者密切相关。很显然，断裂强度 σ_b 高和断裂伸长率 ε_b 大的材料韧性好、抗冲击强度大。不同在于，两种试验的应变速率不同：拉伸试验速率慢，而冲击试验速率极快；拉伸曲线求得的能量为断裂时材料单位体积所吸收的能量，而冲击试验只关心断裂区表面吸收的能量。

冲击破坏过程虽然很快，但根据破坏原理也可分为 3 个阶段：裂纹引发阶段、裂纹扩展阶段、断裂阶段。3 个阶段的物料吸收能量的能力不同。

有些材料（如硬质聚氯乙烯），裂纹引发能高而扩展能很低，这种材料无缺口时抗冲强度较高，一旦存在缺口则极容易断裂。裂纹扩展阶段是材料破坏的关键阶段，因此，材料增韧改性的关键是提高材料抗裂纹扩展阶段吸收能量的能力。

4.9.2 影响抗冲击强度的因素

4.9.2.1 缺口

冲击试验时，有时在试样上预置缺口，有时不加缺口。有缺口试样的抗冲强度远小于无缺口试样，原因在于有缺口试样已存在表观裂纹，冲击破坏吸收的能量主要用于裂纹扩展。另外，缺口本身有应力集中效应，缺口附近的高应力使局部材料变形增大，变形速率加快，材料发生韧-脆转变，加速破坏。缺口曲率半径越小，应力集中效应越显著，因此预置缺口必须按标准严格操作。

4.9.2.2 温度

温度升高，材料抗冲击强度增大。对无定形聚合物，当温度升高到玻璃化温度附近或更高时，抗冲击强度急剧增大。对结晶性聚合物，其玻璃化温度以上的抗冲击强度也比玻璃化温度以下的高，这是因为在玻璃化温度附近或更高温度时，链段运动释放，分子运动加剧，使应力集中效应减缓，部分能量会由于材料的力学损耗作用以热的形式逸散。图4-18给出了几种聚丙烯试样的抗冲击强度随温度的变化，可以看出，在玻璃化温度附近抗冲击强度有较大的增长。

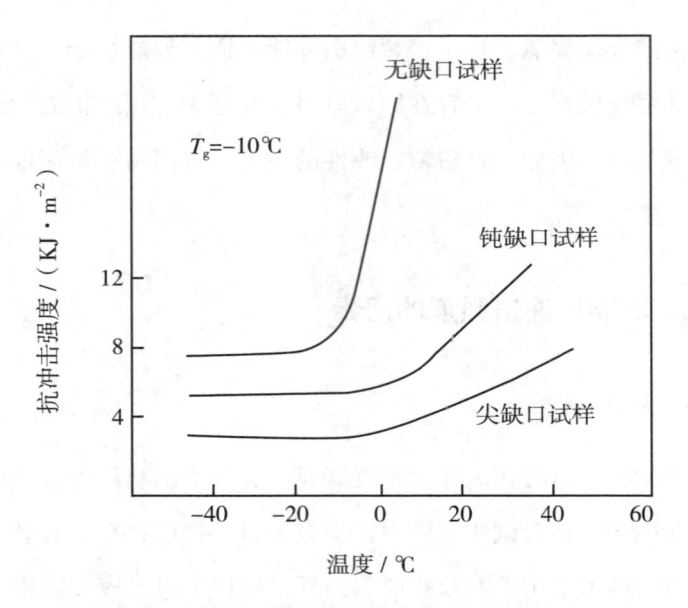

图 4-18 几种聚丙烯试样抗冲击强度随温度的变化

4.9.2.3 结晶、取向

对聚乙烯、聚丙烯等高结晶度材料,当结晶度为 40%～60% 时,由于材料拉伸时有屈服发生且断裂伸长率高,韧性很好。结晶度再增高,材料变硬变脆,抗冲击韧性反而下降。这是由于结晶使分子间相互作用增强,链段运动能力减弱,受到外来冲击时,材料形变能力降低,因而抗冲击韧性变差。

从结晶形态看,具有均匀小球晶的材料抗冲击韧性好,而大球晶韧性差。球晶尺寸大,球晶内部以及球晶之间的缺陷增多,材料受冲击力时易在薄弱环节破裂。

对取向材料,当冲击力与取向方向平行时,冲击强度因取向而提高,若冲击力与取向方向垂直,冲击强度下降。由于实际材料总是在最薄弱处首先破坏,因此取向对材料的抗冲击性能一般是不利的。

4.9.2.4 共混、共聚、填充

试验发现，采用与橡胶类材料嵌段共聚、接枝共聚或物理共混的方法，可以大幅度改善脆性塑料的抗冲击性能。例如，丁二烯与苯乙烯共聚得到高抗冲聚苯乙烯，氯化聚乙烯与聚氯乙烯共混得到硬聚氯乙烯韧性体，都将基体的抗冲强度提高几倍至几十倍。橡胶增韧塑料已发展为十分成熟的塑料增韧技术，由此开发出一大批新型材料，产生巨大经济效益。

在热固性树脂及脆性高分子材料中添加纤维状填料，也可以提高基体的抗冲击强度。纤维一方面可以承担试片缺口附近的大部分负荷，使应力分散到更大面积上，另一方面还可以吸收部分冲击能，防止裂纹扩展成裂缝（参看表 4–5）。

与此相反，若在聚苯乙烯这样的脆性材料中添加碳酸钙之类的粉状填料，则往往使材料抗冲击性能进一步下降。因为填料相当于基体中的缺陷，填料粒子还有应力集中作用，这些都将加速材料的破坏。近年来，人们在某些塑料基体中添加少量经过表面处理的微细无机粒子，发现个别体系中，无机填料也有增韧作用。

4.9.3 高分子材料的增韧改性

4.9.3.1 橡胶增韧塑料的经典机理

橡胶增韧塑料的效果是十分明显的。脆性塑料或韧性塑料，添加几份到十几份橡胶弹性体，基体吸收能量的本领会大幅度提高。尤其是脆性塑料，在添加橡胶后，基体会出现典型的脆–韧转变。关于橡胶增韧塑料的机理，曾有人认为是由于橡胶粒子本身吸收能量，橡胶横跨于裂纹两端，阻止裂纹扩展；也有人认为形变时橡胶粒子收缩，诱使塑料基体玻璃化温

度下降。研究表明，形变过程中橡胶粒子吸收的能量很少，约占总吸收能量的 10%，大部分能量是被基体连续相吸收的。另外，由橡胶收缩引起的玻璃化温度下降仅 10℃左右，不足以引起脆性塑料在室温下屈服。

　　Schmitt 等人根据橡胶与脆性塑料共混物在低于塑料基体断裂强度的应力作用下，会出现剪切屈服和应力发白现象；又根据剪切屈服是韧性聚合物（如聚碳酸酯）的韧性来源的观点，逐步完善橡胶增韧塑料的经典机理。他们认为，橡胶粒子能提高脆性塑料的韧性，是因为橡胶粒子分散在基体中，形变时成为应力集中体，能促使周围基体发生脆-韧转变和屈服。屈服的主要形式有引发大量银纹（应力发白）和形成剪切屈服带。这种现象会吸收大量变形能，使材料韧性提高。剪切屈服带还能终止银纹，阻碍其发展成破坏性裂缝。

　　银纹和剪切屈服带的存在均已得到试验证实。图 4-19 为 PVC 聚氯乙烯/ABS 共混物中，ABS 粒子引发银纹和终止银纹的电镜照片。图 4-20 为聚对苯二甲酸乙二酯中形成剪切屈服带的电镜照片。

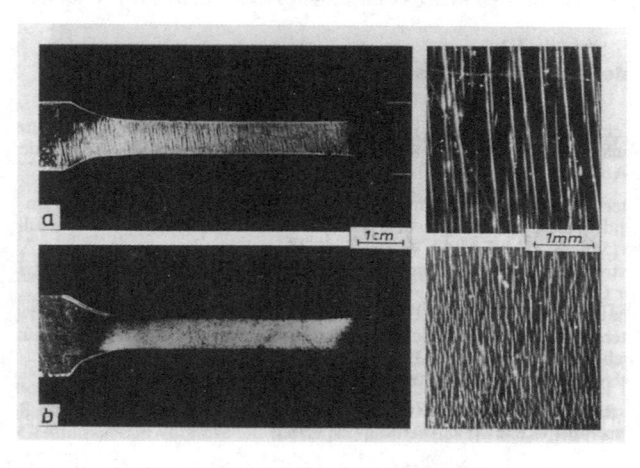

图 4-19　引发银纹和终止银纹

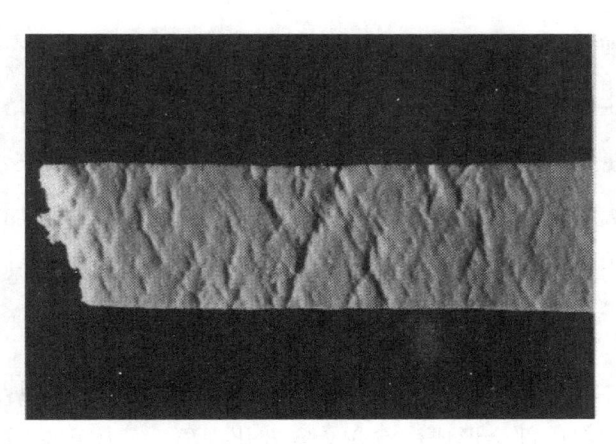

图 4-20　剪切屈服带

4.9.3.2　银纹化现象和剪切屈服带

许多聚合物，尤其是玻璃态透明聚合物如聚苯乙烯、有机玻璃、聚碳酸酯等，在存储及使用过程中，由于应力和环境因素的影响，表面往往会出现一些微裂纹。有这些裂纹的平面能强烈反射可见光，形成银色的闪光，故称为银纹，相应的开裂现象称为银纹化现象。

产生银纹的原因有两个：一是力学因素（拉伸应力），二是环境因素（与某些化学物质相接触）。银纹和裂缝不能混为一谈。裂缝是宏观开裂，内部质量为零；而银纹内部有物质填充，质量不等于零，该物质称银纹质，是由高度取向的聚合物纤维束构成的。

剪切屈服带是材料内部具有高度剪切应变的薄层，是在应力作用下材料局部产生应变软化形成的。剪切带通常发生在缺陷、裂缝或由应力集中引起的应力不均匀区内，在最大剪应力平面上，由于应变软化引起高分子链滑动形成。在拉伸试验和压缩试验中都曾经观察到剪切带，以压缩试验为多。理论上剪切带的方向应与应力方向呈 45°，由于材料的复杂性，实际夹角往往小于 45°。

银纹和剪切带是高分子材料发生屈服的两种主要形式。银纹是垂直应力作用下发生的屈服，银纹方向多与应力方向垂直；剪切带是剪切应力作用下发生的屈服，方向与应力呈45°和135°。无论产生银纹还是剪切带，都需要消耗大量能量，从而使材料韧性提高。塑料基体中添加部分橡胶，橡胶作为应力集中体能诱发塑料基体产生银纹或剪切带，使基体屈服，吸收大量能量，达到增韧效果。材料体系不同，发生屈服的形式不同，韧性的表现不同。有时在同一体系中两种屈服形式会同时发生，有时形成竞争。发生银纹时材料内部会形成微空穴（空穴化现象），体积略有增大；形成剪切屈服时，材料体积不变。

4.9.4 塑料的非弹性体增韧改性及机理

橡胶增韧塑料虽然可以使塑料基体的抗冲击韧性大幅提高，但同时也伴随产生一些问题：增韧的同时，材料强度下降、刚性变弱、热变形温度跌落及加工流动性变劣等。这些问题源于弹性增韧剂的本征性质难以避免。这表明在塑料的增韧与增强改性中存在一种基本的矛盾，即很难同时实现这两种性能的提升。

由橡胶增韧塑料经典机理得知，增韧过程中体系吸收能量的能力提高，不是因为橡胶类改性剂吸收了很多能量，而是由于在受力时橡胶粒子成为应力集中体，引发塑料基体发生屈服和脆-韧转变，使体系吸收能量的本领提高。这一机理说明增韧的关键是如何诱发塑料基体屈服，发生脆-韧转变。无论是添加弹性体、非弹性体，还是添加空气（发泡），只要能达到这个目的，都应能实现增韧。

如前所述，高分子材料发生脆-韧转变有两种方式：一是升高环境温度使材料变韧，但拉伸强度受损，材料变得软而韧；二是升高环境压力使材料变韧，同时强度也提高，材料变得强而韧。两种不同的脆-韧转变方式启示我们，增韧改性高分子材料并非一定以牺牲强度为代价，设计恰当的方法有可能同时实现增韧、增强。

塑料的非弹性体增韧改性就是基于此发展起来的。1984年，日本学者Kurauchi和Ohta将少量脆性树脂——丙烯腈-苯乙烯共聚物添加到韧性聚碳酸酯基体中，发现丙烯腈-苯乙烯共聚物同时提高了聚碳酸酯的拉伸强度、断裂伸长率和吸收能量的能力，同时实现增韧、增强。之后国内外研究者又在若干树脂基体中分别采用刚性有机填料（rigid organic filler，简称ROF）、刚性无机填料研究非弹性体增韧改性规律，发现塑料的非弹性体增韧改性有一定的普遍意义，但增韧规律与机理不同于经典的弹性体增韧塑料。

表4-6给出了两种增韧方法的简单比较。由表4-6可见，采用刚性有机填料增韧改性时，要求基体有一定的韧性，易于发生脆-韧转变，不能是典型脆性塑料；增韧剂用量少时效果显著，用量增大效果反而降低；基体本身有较好韧性，因此增韧倍率不像弹性体增韧脆性塑料那样大，一般只增韧几倍，但体系的实际韧性和强度都很高。关于增韧机理，有人认为，刚性有机粒子作为应力集中体，使基体中应力分布状态发生改变，在很强压（拉）应力作用下，脆性有机粒子发生脆-韧转变，与其周围基体一起发生"冷拉伸"大变形，吸收能量。电镜照片曾观察到丙烯腈-苯乙烯共聚物粒子在聚碳酸酯基体中发生100%的大变形（丙烯腈-苯乙烯共聚物本体的断裂伸长率不到5%）。作者在研究刚性有机填料增韧改性硬聚氯乙烯韧性体时发现，刚性有机填料能改变基体应力分布状态，发生"冷拉伸"大变形作用；更重要的是它能促进基体发生脆-韧转变，提高基体发生脆-韧转变的效率，引发基体形成大量银纹或剪切带。两种增韧机理

可以同时在一个体系中存在。

表 4-6 弹性体增韧和非弹性体增韧方法比较

增韧方法	弹性体增韧	非弹性体增韧（刚性有机填料 ROF）
增韧剂性质	软橡胶类材料，模量低，T_g 低，流动性差	硬聚合物材料，模量高，T_g 高，流动性好
被增韧基体性质	既可以是脆性高分子基体，也可以是韧性高分子基体	要求基体有一定程度韧性，易于发生脆-韧转变
增韧剂用量	一般来说，改性剂用量越多，增韧效果越好	在恰当小用量下，改性效果明显；用量偏大，改性效果消失
两相相容性	要求增韧剂与基体有良好相容性	要求增韧剂与基体有良好相容性
增韧改性效果	可以明显改善脆性基体的韧性，但同时使基体的强度、流动性和耐热变形性受到损失	可以同时改善基体的韧性和强度，达到既增韧又增强的目的，同时不损坏材料的可加工流动性
增韧机理	引发基体形成银纹、空穴化，或形成剪切带，吸收变形能	要求基体的模量小于 ROF 粒子模量，基体泊松比大于粒子泊松比，使 ROF 粒子发生"冷拉伸"变形，吸收变形能

4.9.5 硬聚氯乙烯的非弹性体增韧改性

在国家自然科学基金的支持下，作者对硬聚氯乙烯的非弹性体增韧改性进行了系统研究，发现要使刚性有机聚合物粒子（如聚苯乙烯、丙烯腈-苯乙烯共聚物、聚甲基丙烯酸甲酯）对硬聚氯乙烯有增韧作用，必须首先调节聚氯乙烯基体的韧性。使用氯化聚乙烯、丙烯腈-丁二烯-苯乙烯共聚物、甲基丁二烯苯乙烯等与聚氯乙烯共混，制备硬聚氯乙烯增韧体。

图 4-21 展示了共混比对 PVC（聚氯乙烯）/CPE（氯化聚乙烯）体系力学性能的影响。根据抗冲击强度图中的曲线，可以分为三个区域：氯化聚乙烯用量小于 8 份的脆性断裂区、大于 20 份的高韧性区、10～20

份的脆-韧转变区。图4-22是在PVC/CPE体系中添加少量刚性PS粒子对体系力学性能的影响。可以看出，在脆性断裂区和高韧性区，添加PS粒子对体系的力学性能几乎无影响，只有在脆-韧转变区，特别是当PVC/CPE=100/10和100/15时，PS粒子对基体的增韧效果非常明显，同时体系的拉伸强度和断裂伸长率基本保持不变。

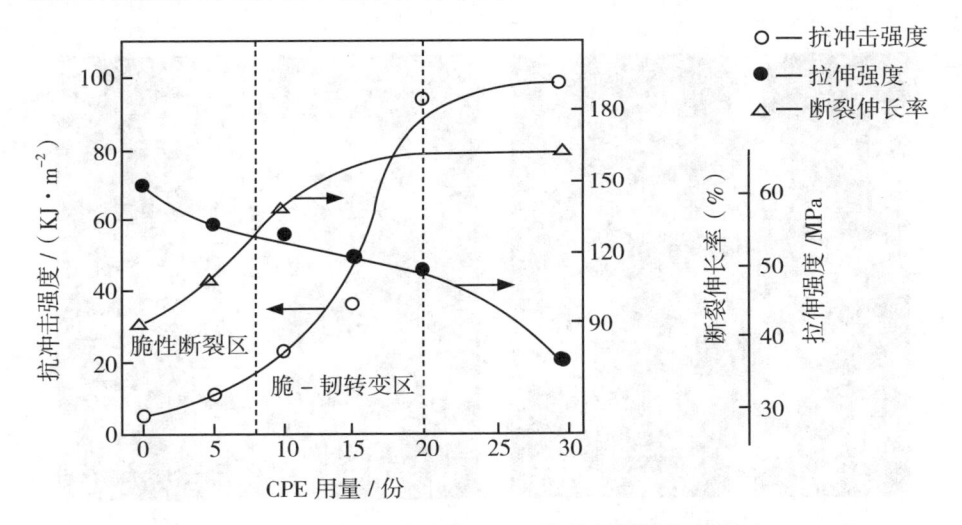

图 4-21 共混比对 PVC/CPE 体系力学性能的影响

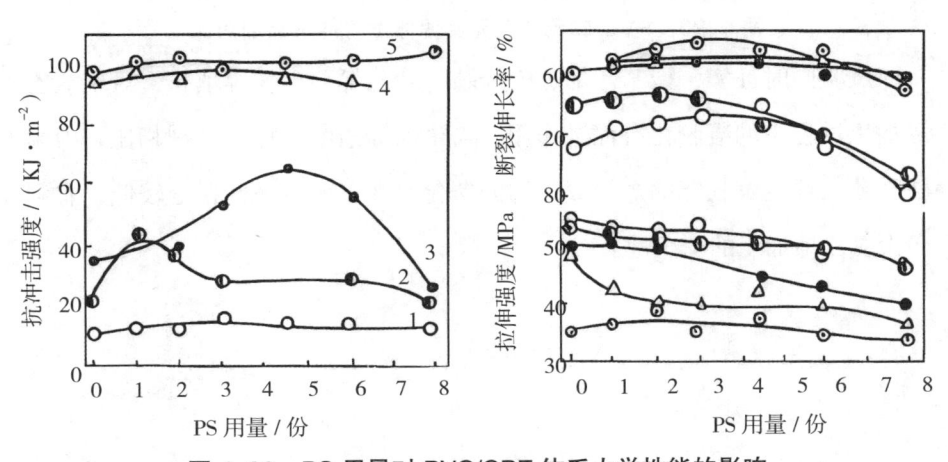

图 4-22 PS 用量对 PVC/CPE 体系力学性能的影响

从试样冲击断面的扫描电镜照片对比中清晰看出（图4-23），PVC/CPE=100/15的冲击断面有拉丝现象，这是材料韧性断裂的特征之一；而在PVC/CPE/PS=100/15/4.5的冲击断面上，拉丝现象更加明显，丝条变密、变细、变长，说明在断裂过程中，体系吸收的能量更多。这充分证明添加PS粒子对基体脆－韧转变有促进作用。

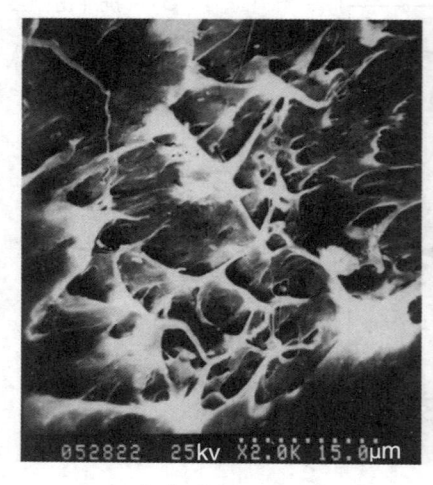

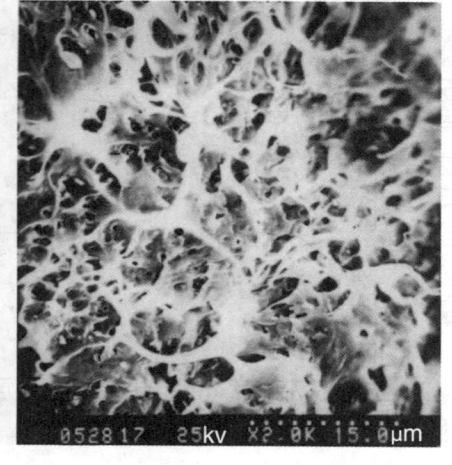

（a）PVC/CPE=100/15　　　　（b）PVC/CPE/PS=100/15/4.5

图4-23　PVC二元和三元共混体试样冲击断面对比

试验同时证实，聚苯乙烯、丙烯腈－苯乙烯共聚物等填料，对聚氯乙烯加工过程中的凝胶化有促进作用。与聚丙烯酸酯类加工助剂相比，丙烯腈－苯乙烯共聚物能缩短聚氯乙烯的塑化时间，同时平衡扭矩较低，有利于聚氯乙烯加工的安全性。

第5章 高分子材料的物理化学性能

材料的结构决定材料的性质；性质是结构的外在反映，对材料的使用性能有决定性影响；而使用性能又与材料的使用环境密切相关。

考察材料的结构可以从以下 3 个层次来考虑，这些层次都影响材料的最终性能。

第一个层次是原子及电子结构。原子中电子的排列在很大程度上决定原子间的结合方式，决定材料类型（金属、非金属、聚合物等），决定材料的热学、力学、光学、电学、磁学等性质。

第二个层次是原子的空间排列。如果材料中的原子排列非常规则且具有严格的周期性，就形成晶态结构；反之，则为非晶态结构。不同的结晶状态具有不同的性能，如玻璃态的聚乙烯是透明的，而结晶聚乙烯是半透明的。原子排列中存在缺陷会使材料性能发生显著变化，如晶体中的色心就是由于碱卤晶体中存在点缺陷，而使透明晶体具有颜色。

第三个层次是组织结构或相结构。在大多数金属、陶瓷和个别聚合物中可发现晶粒组织。晶粒之间的原子排列变化，改变了它们之间的取向，从而影响材料的性能。其中晶粒的大小和形状起关键作用。另外，大多数材料属于多相材料，其中每一相都有自己独特的原子排列和性能，因而控制材料结构中相的种类、大小、分布和数量就成为控制性能的有效方法。

材料在给定外界物理刺激下产生响应行为或表现。表征材料响应行为发生程度的参数，即性能指标（如模量、强度等）。材料的性能分为 3 类：第一类是力学性能（弹性、塑性、硬度、韧度、强度）；第二类是物理性能（热学、磁学、电学、光学）；第三类是耐环境性能（耐腐蚀性、老化、抗辐照性）。

5.1 材料的热性能

由于材料及其制品都是在一定的温度环境下使用的，在使用过程中，将对不同的温度做出反应，表现出不同的热物理性能，这些热物理性能称为材料的热学性能。高分子热性能是高分子材料与热或温度相关的性能总和。它包括诸多方面，如各种力学性能的温度效应、玻璃化转变、黏流转变、熔融转变，以及热容、热膨胀和热传导等。热性能是高分子材料的重要性质之一。

5.1.1 热容

原子的振动可用能量描述，或利用能量的波动性质进行处理。绝对零度下，原子具有最低能量。一旦对材料加热，原子获得热能而以一定的振幅和频率振动。振动产生的弹性波称为声子，其能量 E 可用波长 λ 或频率 γ 表示，即

$$E = hc/\lambda = h\gamma \tag{5-1}$$

式中，h 和 c 分别为普朗克常数和光速。材料热量得失过程就是声子得失过程，其结果是引起材料温度的变化，其变化程度可用热容表示。

热容是 1 mol 物质升高 1 K 所需要的热量，单位为 J/(mol·K)。等压条件下测定的热容称定压热容，用符号 C_p 表示；等容条件下测定的热容称定容热容，用符号 C_v 表示。对于晶体材料来说，在较高温度下热容为一常数，即 $C_p = 3R = 26.9$ J/(mol·K)。室温下的热容即与此值接近，

温度越高则越趋近。在极低温度下，物质的热容与绝对温度的三次方成正比。

5.1.2 热膨胀

原子获得热能而振动，其效果相当于原子半径增大，原子间距离以及材料的总体尺度增加。材料的尺度随温度变化的程度用膨胀系数 a 表示，指的是温度变化 1K 时材料尺度的变化量。材料的尺度分为长度（线尺寸）和体积，因此膨胀系数有线膨胀系数 a_L（当温度升高 1K 时，物体的相对伸长）和体积膨胀系数 a_V（当温度升高 1k 时，物体体积相对增长值）之分，这两者在定压条件下分别表达为

$$a_L = \left(\frac{1}{L}\right)\left(\frac{\Delta L}{\Delta T}\right) \qquad (5-2)$$

$$a_V = \left(\frac{1}{V_0}\right)\left(\frac{\Delta V}{\Delta T}\right) \qquad (5-3)$$

金属材料热膨胀系数介于陶瓷和高分子之间，较高的是钾、锌、铅、镁、铝等低熔点金属，较低的是钨、钼、铬等高熔点金属；陶瓷材料是热膨胀系数最低的，由于结构复杂，热膨胀系数差别很大；高分子材料具有最高的热膨胀系数，结晶聚合物和取向聚合物的热膨胀系数具有各向异性。

材料的热膨胀可以通过势能图说明。原子间距在 r_0 处总势能达到最小（温度为 0K），相应的相互作用力为零，即排斥力与吸引力大小相等，该距离即为平衡键合距离，也就是键长。当温度升高时，原子吸收热能而产生振动，能量上升到 E_1，此时的平衡距离为 r_1，它是在 E_1 能量时曲线上相应的两个横坐标值（距离）的平均值，也就是曲线之间截线的中点。

由于能量曲线通常是不对称的,左边较陡而右边较平缓,所以能量升高时原子间的平衡距离增大,如图 5-1 所示。能量依次上升到 E_2、E_3、E_4、E_5 时,原子间的平衡距离分别增大到 r_2、r_3、r_4、r_5,宏观上就是材料尺度的增加,也就是热膨胀。假如势能曲线是对称的,则平衡距离将不会随振动能的增加而改变。

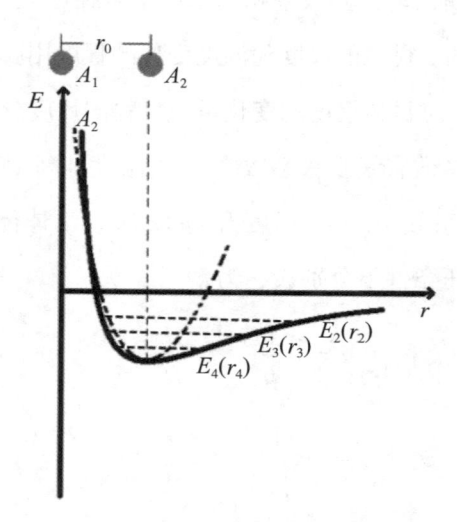

图 5-1 材料热膨胀势能图

原子间的键合力越强,则热膨胀系数越小,聚合物分子链间以分子间作用力结合,键合力较弱,因此热膨胀系数较大。以离子键和共价键结合的陶瓷材料热膨胀系数较小。

除了键强,材料的组织结构对热膨胀也有影响。结构紧密的固体,膨胀系数大。对于氧离子紧密堆积结构的氧化物,相互热振动导致膨胀系数较大,如 MgO、BeO、Al_2O_3、$MgAl_2O_4$、$BeAl_2O_4$ 都具有相当大的膨胀系数。固体结构疏松,内部空隙较多,当温度升高,原子振幅加大,原子间距离增加时,部分被结构内部空隙所容纳,宏观膨胀程度就小。

5.1.3 热传导

热量从系统的一部分传到另一部分，或由一个系统传到另一个系统的现象叫热传导。热传导是热传递三种基本方式（对流、传导和辐射）之一，它是固体中热传递的主要方式。材料中的热传导依靠声子（分子、原子等质点的振动）的传播或电子的运动，使热能从高温部分流向低温部分。材料各部分的温度差的存在是热传导的关键。如果只考虑一维的热传导，并且温度分布不随时间而变，则当沿着 x 坐标方向存在温度梯度 $\dfrac{\mathrm{d}T}{\mathrm{d}x}$ 时，热量通量 Q 与温度梯度成正比：

$$Q = -\lambda \dfrac{\mathrm{d}T}{\mathrm{d}x} \tag{5-4}$$

式中，T 为温度，x 为热传递方向的坐标，λ 为热导率。负号表明热流方向与温度梯度方向相反。

此规律由法国物理学家傅里叶于1822年首先发现，故称为傅里叶定律，所描述的是一维定态热传导的情形。热导率（thermal conductivity），是表征物质热传导性能的物理量，单位是 W/(m·K)，一些书籍或手册中采用 cal/(cm·s·K)，其换算关系为 1cal/(cm·s·K)=4.2×10² W/(m·K)。

利用该公式可以进行一些实用的计算。例如，一个容器内装有温度相对恒定的物质，若其温度 T_1 与环境温度 T_2（也是恒定）不相同，如 $T_1 > T_2$，则热量从容器内流向环境，其热传导符合一维定态模式。设容器壁厚为 δ，容器传热面的面积为 A，则可对式（5-4）进行定积分，得到传热速率 Q 为

$$Q = \lambda \dfrac{T_1 - T_2}{\delta} \times A = \dfrac{\Delta T}{\delta/(\lambda A)} \tag{5-5}$$

式中，$\delta/(\lambda A)$ 是平壁面热传导的热阻。

这样，只要知道容器材料的热导率、壁厚和容器面积以及容器内外温差，就可以求得传热速率，即单位时间内散失的热量。当容器壁由多层厚度各异、材质不同的材料构成时，仍可用式（5-5）计算，只要把各层的热阻相加作为总热阻即可。

金属材料有很高的热导率，这是由于其电子价带没有完全充满，自由电子在热传导中担当主要角色。另外，金属晶体中的晶格缺陷、微结构和制造工艺都对导热性有影响。晶格振动阻碍电子迁移，因此当温度升高时，晶格振动加剧，金属的热导率下降。但在高温下随着电子能量增加，晶格振动本身也传导热能，这时热导率可能会有所回升。

对于无机陶瓷或其他绝缘材料来说，由于电子能隙很宽，大部分电子难以激发到价带，因此电子运动对传导的贡献很小，所以热导率较低。这类材料的热传导依赖于晶格振动（声子）的传播。高温处的晶格振动较剧烈，从而带动邻近晶格的振动加剧，就像声波在固体材料中的传播那样。温度升高时，声子能量增大，再加上电子运动的贡献增加，其热导率随温度升高而增大。

半导体材料的热传导是电子与声子的共同贡献。低温时，声子是热能传导的主要载体。随着温度升高，由于半导体中的能隙较窄，电子在较高温度下能激发进入导带，所以导热性显著增大。

高分子材料的热传导是靠分子链节及链段运动的传递，其对能量传递的效果较差，所以高分子材料的热导率很低。

5.1.4　热稳定性

热稳定性（抗热震性）是指材料承受温度的急剧变化而不被破坏的能力。温度急剧变化时，材料的热胀冷缩受到约束产生热应力，当热应力超过材料的力学强度时，材料发生断裂。热应力的来源：①因热胀冷缩受到限制而产生的热应力。②因温度梯度而产生的热应力。物体迅速加热时，外表面温度比内部高，则外表膨胀比内部大，但相邻的内部的材料限制其自由膨胀，因此表面受压应力，而相邻内部材料受拉应力。同理，迅速冷却时（如淬火），表面受拉应力，相邻内部材料受压缩应力。③多相复合材料因各相膨胀系数不同而产生的热应力。

陶瓷热稳定性测定方法一般是把试样加热到一定的温度，接着放入适当温度的水中，判定方法如下。

（1）根据试样出现裂纹或损坏到一定程度时，所经受的热变换次数。

（2）经过一定的次数的热冷变换后，机械强度降低的程度来决定热稳定性。

（3）试样出现裂纹时经受的热冷最大温差来表示试样的热稳定性，温差愈大，热稳定性愈好。

玻璃材料稳定性测定方法：实验中常将一定数量的玻璃试样在立式管状电炉中加热，使样品内外的温度均匀，然后使之骤冷，用放大镜考察，看试样不破裂时所能承受的最大温差。对相同组成的各块样品，最大温差并不是固定不变的，所以测定一种玻璃的稳定性，必须取多个试样，并进行平行实验。

5.2 材料的电学性能

材料的电学性能就是材料被施加电场时所产生的响应行为，主要包括导电性、介电性、铁电性和压电性等。高分子材料的电学性能是指在外加电场作用下材料所表现出来的介电性能、导电性能、电击穿性质，以及与其他材料接触、摩擦时所引起的表面静电性质等。

5.2.1 导电性能

对材料两端施加电压 U，则材料中的可移动的带电粒子（载流子）从一端移动到另一端。电荷流动的速率即电流 I，与电压 U 成正比，即

$$U=IR \tag{5-6}$$

式中，U 的单位为 V；I 的单位为 A；R 是材料的电阻，单位为 Ω。这就是著名的欧姆定律。电阻 R 与材料的长度 L 成正比，与材料的截面积 A 成反比：

$$R=\rho\left(\frac{L}{A}\right) \tag{5-7}$$

式中，比例系数 ρ 为材料的体积电阻率，简称电阻率，单位为 Ω·m。电阻率的倒数即为电导率 σ，单位为 S/m，它是材料导电性能的量度，σ 越大，则导电性能越好。

电导率大小等于载流子的密度 n、每个载流子的电荷数 Z_e 和载流子迁移率 μ 的乘积，即

$$\sigma =nZ_e\mu \tag{5-8}$$

所以，要增加材料的导电性，关键是增大单位体积内载流子的数目和使载流子更易于流动。导体中的载流子具自由电子，半导体中的载流子则是带负电的电子和带正电的空穴。材料的导电性与材料中的电子运动密切相关，而能带理论是研究固体中电子运动规律的一种近似理论，不同种类材料在导电性上的差异可以在该理论中得到较好的解释。

分子轨道理论认为，两原子间相应的原子轨道可以组合成同数的分子轨道。在金属晶体中，金属原子靠得很近，可以通过原子轨道组合成分子轨道，以使能量降低。由于数目巨大，各相邻分子轨道间的能级应非常接近，

实际上连成一片，构成了一个具有一定能量宽度的能带，如图 5-2 所示。这是能带理论的基础。

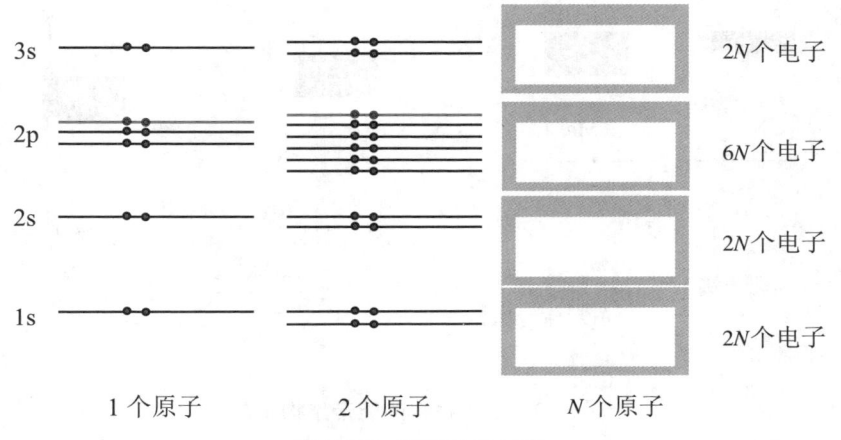

```
3s  ———•—       ———••—              2N 个电子

2p  ≡≡•≡       ≡≡••≡              6N 个电子

2s  ———••—      ———••••—            2N 个电子

1s  ———••—      ———••••—            2N 个电子

     1 个原子      2 个原子        N 个原子
```

图 5-2　能带形成示意

金属晶体中含有不同的能带。已充满电子的能带叫作满带，其中电子无法自由流动、跃迁。在此之上，能量较高的能带，可以是部分充填电子或全空的能带，叫作空带，空带获得电子后可以参与导电过程故又称为导带。价电子所填充的能带称为价带。而在半导体和绝缘体中，满带与导带之间还隔有一段空隙，称为禁带。

固体的导电性能由其能带结构决定。如图 5-3 所示，对一价金属（如 Na），价带是未满带，故能导电。对二价金属（如 Mg），价带是满带，但禁带宽度为零，价带与较高的空带相交叠，满带中的电子能占据空带，因而也能导电，绝缘体和半导体的能带结构相似，价带为满带，价带与空带间存在禁带。禁带宽度较小时（0.1～3 eV）呈现半导体性质，禁带宽度较大（>5 eV）则为绝缘体。在任何温度下，由于热运动，满带中的电子总会有一些具有足够的能量激发到空带中，使之成为导带。由于绝缘体的禁带宽度较大，常温下从满带激发到空带的电子数微不足道，宏观上表现

—171—

为导电性能差。

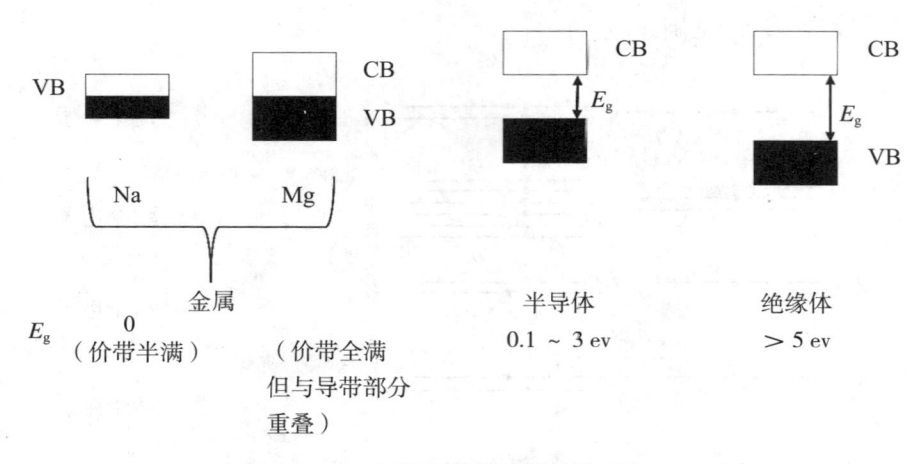

图 5-3　各种材料的能带结构示意

在半导体（如硅、锗）中，禁带不太宽，热能足以使满带中的电子被激发越过禁带而进入导带，从而在满带中留下空穴，而在导带中增加了自由电子，它们都能导电。并且，由于温度越高，电子激发到空带的机会越大，导电率越高。这类半导体属于本征半导体。另一类半导体是通过掺杂而制备的，称为非本征半导体。所谓掺杂就是加入杂质（掺杂剂），使电子结构发生变化。例如，在四价的 Si 或 Ge 中掺杂五价的 P、As 或 Sb，掺杂剂外层的 5 个价电子有 4 个参与形成共价键，剩余的一个电子尽管不是自由电子，但掺杂原子对其束缚力较弱，结合能在 0.01 eV 数量级，因此很容易脱离掺杂原子而流动，结果就是材料的导电性增大。此类含剩余电子的半导体称为 N 型半导体。如果掺杂剂为三价的 B、Al、Ga、In 等，则由于只有 3 个价电子，在价键轨道上形成空穴，从而使导电性增大。这类半导体称为 P 型半导体。

导体、半导体和绝缘体的电导率范围如图 5-4 所示。离子化合物和高分子的电子结构中均具有较大的能隙,电子难以从价带激发到导带,因此这两类材料通常导电性很低,作为绝缘材料使用。但一些无机陶瓷在低温下表现出超导性,即温度下降到某一值(临界温度 T_c)时电阻突然大幅下降,直至降到接近零。

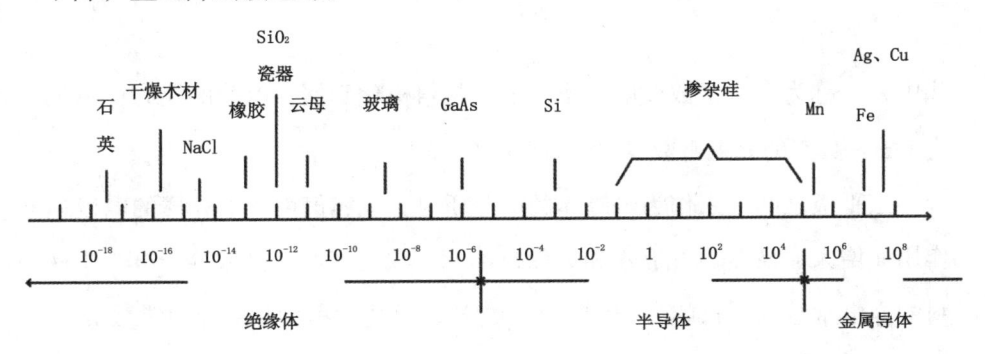

图 5-4　导体、半导体和绝缘体的电导率范围

5.2.2　介电性能

介电性能是指在电场的作用下,材料表现出对静电能的储蓄和损耗的性质。这种对静电能的储蓄和损耗是由于在外电场作用下材料产生极化,这一过程称为电极化,而在电场作用下能建立极化的物质称为电介质。

电极化有两种情形:一种是在外电场作用下,材料内的质点(原子、分子、离子)正负电荷重心分离,使其转变成偶极子;另一种是正、负电荷尽管可以逆向移动,但它们并不能挣脱彼此的束缚而形成电流,只能产生微观尺度的相对位移,并使其转变成偶极子。

对相距 L 的平衡金属板施加电压 U,撤去电压后所产生的电荷基本上保留在平板上,这一储存电荷的特性称为电容 C,定义为电荷量 q 与电压 U 的比值,即

$$C = \frac{q}{U} \tag{5-9}$$

式中,电容的单位为 F。

数值上,电容 C 与平板面积 A 成正比,与平面距离 L 成反比,即

$$C = \varepsilon \left(\frac{A}{L}\right) \tag{5-10}$$

式中,ε 称为介电常数或电容率,表征材料极化和储存电荷的能力,单位为 F/m。真空的介电常数 ε_0 为 8.85×10^{-12} F/m。

当平板之间充入作为绝缘体的电介质时,电容值由于电介质的电极化作用而增大,显然,由于 A 和 L 保持不变,故电容增大倍数等于电介质材料的介电常数 ε 与真空介电常数 ε_0 之比,该比值称为相对介电常数 ε_r,即 $\varepsilon_r = \frac{\varepsilon}{\varepsilon_0}$。

为直观起见,材料的介电常数通常以相对介电常数表示,其测定方法如下:首先在其两块极板之间为空气的时候测试电容器的电容 C_0(空气的介电常数非常接近 ε_0)。然后,用同样的电容极板间距离但在极板间加入电介质后测得电容 C_x,则 $\varepsilon_r = \frac{C_x}{C_0}$。

衡量材料介电性能的另两个指标是介电强度和介电损耗。介电强度就是一定间隔的平板电容器的极板间可以维持的最大电场强度,也称击穿电压,单位为 V/m。当电容器极板间施加的电压超过该值时,电容器将被击穿和放电。介电损耗是指电介质在电压作用下所引起的能量损耗,它是由于电荷运动而造成的能量损失。介电损耗愈小,绝缘材料的质量愈好,绝缘性能也愈好。通常用介电损耗角正切 $\tan\delta$ 衡量(表 5-1)。

表 5-1　一些材料的介电性能

材料	介电常数 ε_r (60 Hz)	(10^6 Hz)	介电强度/ (V·m^{-1})	tanδ (10^6 Hz)
聚乙烯	2.3	2.3	20×10^{-6}	0.000 10
聚四氟乙烯	2.1	2.1	20×10^{-6}	0.000 07
聚苯乙烯	2.5	2.5	20×10^{-6}	0.000 20
尼龙	4.0	3.6	20×10^{-6}	0.040 00
橡胶	4.0	3.2	24×10^{-6}	
酚醛树脂	7.0	4.9	12×10^{-6}	0.050 00
环氧树脂	4.0	3.6	18×10^{-6}	
石蜡		2.3	10×10^{-6}	
熔融氧化硅	3.8	3.8	10×10^{-6}	0.000 04
钠钙玻璃	7.0	7.0	10×10^{-6}	0.009 00
Al$_2$O$_3$	9.0	6.5	6×10^{-6}	0.001 00
TiO$_2$		14～110	8×10^{-6}	0.000 20
云母		7.0	40×10^{-6}	

5.2.3　铁电性和压电性

外电场作用下电介质产生极化，而某些材料在除去外电场后仍保持部分极化状态，这种现象称为铁电性（ferroelectricity）。当铁电材料置于较强的电场时，永久偶极子增加并沿着电场方向排列，最终所有偶极子平行于电场方向，达到饱和极化 P_s。当外场撤去后，材料仍处极化状态，其剩余极化强度为 P_r，该极化强度只有在施加反方向的电场并且电场强度达到某一数值（ξ_c）才能完全消除。继续增大反向电场的强度，则导致偶极子在反方向上平行取向，直至饱和极化。如果再把电场方向反转并达到饱和极化，则可得到一个闭合的滞后回线。

铁电体存在一临界温度，高于此温度，则铁电性消失。该温度称为居里温度（Curie temperature，T_C）。铁电性的改变通常是由于在居里温度下晶体发生相变，以钛酸钡（$BaTiO_3$）为例，在高于 120 ℃时，属于规则立方对称的钙钛矿晶体结构，正负电荷中心完全重合，不具有偶极矩，因此呈现非铁电性。当温度低于 120 ℃时，$BaTiO_3$ 单元的中心 Ti^{4+} 和周围的 O^{2-} 发生轻微的反方向位移，形成微细的电偶极矩，从而使材料呈现铁电性，这个 120 ℃就是居里温度。不同材料的居里温度可以有很大差别，例如 $SrTiO_3$ 的 T_C 低至 –200 ℃，而 $NaNbO_3$ 的 T_C 则高达 640 ℃。

对 $BaTiO_3$ 之类的铁电材料施加压力，导致极化发生改变，从而在样品两侧产生小电压，这一现象称为压电性或压电效应（piezoelectricity，PZT），相应的材料称为压电体。压电体可以把应力转换成容易测量的电压值，因此常常用于制造压力传感器。

对压电体两侧施加电压，则可引起其尺寸发生变化，这种现象称为电致伸缩（electrostriction），也称为逆压电效应。如果对压电体薄膜施加交变电流，则薄膜产生振动而发出声音，利用这一现象可以制作音频发声器件，如扬声器、耳机、蜂鸣器。

5.3 材料的磁学性能

5.3.1 磁性的基本概念

磁性是物质放在不均匀磁场中所受到磁力的作用。任何物质都具有磁性，所以在不均匀磁场中都会受到磁力的作用，磁场本身则受物质磁性的影响而增强或减弱。例如以电流 I 通过匝数为 n、长度为 L 的螺线管，在真空中产生的磁场强度为 $H_0=\dfrac{0.4\pi nI}{L}$。磁感应强度（magnetic induction）为 $B_0=\mu_0 H_0$，其中 μ_0 为真空中的磁导率（magnetic permeability）。当把磁介质插入螺线管中时，磁场强度变为 $H=H_0+H_m$，其中 H_m 为由磁介质产生的磁场，称为磁化强度（magnetization）。对于多数物质来说，磁化强度直接正比于 H_0，即 $H_m=\chi_m H_0$，χ_m 称为磁化率（magnetic susceptibility），此时磁通密度为 $B=\mu_0(H_0+H_m)=\mu_0(1+\chi_m)H_0$，磁通密度是衡量材料磁性的无量纲值，与材料的数量无关。

5.3.2 磁性的种类

5.3.2.1 反磁性

当外磁场作用于材料中的原子时，将使其轨道电子产生轻微的不平衡，在原子内形成细小的磁偶极，其方向与外磁场方向相反。这一过程产生一个负的磁效应，当磁场撤去后磁效应可逆地消失，这就是反磁性。反磁性表现为一个负的磁化率，金属中的 Hg、Cu、Ag、Pb 表现出反磁性，非金属的金刚石、NaCl（岩盐）及绝大多数高分子材料也呈现反磁性。实际上所有材料都具有反磁性效应，但在很多材料中都被正磁性效应所淹没，从而表现出正的磁化率。

5.3.2.2 顺磁性

顺磁性就是感应磁化的方向与外磁场方向相同，即材料在磁场中沿磁场方向被微弱磁化，磁场撤去后又能可逆地消失，具有正的磁化率。在含有非零角动量原子（如过渡金属）的材料中可观察到顺磁性，此类顺磁性的磁化率与热力学温度 T 成反比，这一规律为皮埃尔·居里首先发现，称为居里定理。一些非过渡金属（如 Al）也具有顺磁性，它源于传导电子的自旋，但此类顺磁性基本上与温度无关。

5.3.2.3 铁磁性

一些固体材料即使在没有外磁场的情况下也能自发磁化，而在外磁场作用下能沿磁场方向被强烈磁化。由于铁在具有这种性质的材料中最具代表性，所以把这种性质称为铁磁性。Fe、Co、Ni 和一些稀土金属（如 Sm 和 Nd）及它们的合金具有铁磁性。铁磁性具有两个特征：一是在不太强的磁场中，就可以磁化到饱和状态，磁化强度不再随磁场而增加；二是在某一温度以上时，铁磁性消失而变为正常的顺磁性，磁化强度满足居里定理，该转变温度称为居里温度。

5.3.2.4 反铁磁性

一些材料出现另一种类型的磁性，就是反铁磁性。施加外磁场时，反铁磁性材料的原子磁偶极沿着外磁场的反方向排列。Mn 和 Cr 在室温下具有反铁磁性。

5.3.2.5 铁氧体磁性

一些无机陶瓷中，不同离子具有不同磁矩行为，当不同的磁矩反平行排列时，在一个方向呈现出净磁矩，这就是铁氧体磁性，也称为亚铁磁性。而这些具有铁氧体磁性的材料统称为铁氧体（ferrite）。

图 5-5 归纳了铁磁性、反铁磁性和铁氧体磁性的磁偶磁矩取向。铁氧体属于氧化物系统的磁性材料，是以氧化铁和其他铁族元素或稀土元素氧化物为主要成分的复合氧化物，典型的例子是磁铁矿 Fe_3O_4。

磁场方向　　　　铁磁性　　　　反铁磁性　　　　铁氧体磁性

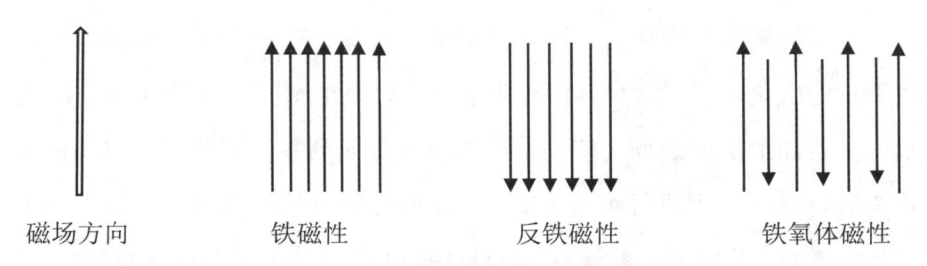

图 5-5　不同类型磁性的磁偶极矩排列取向示意

5.3.3　磁畴和磁化曲线

在居里温度以下，铁磁质中相邻电子之间存在着一种很强的"交换耦合"（exchange interaction），在无外磁场的情况下，它们的自旋磁矩能在一个个微小区域内"自发地"整齐排列起来而形成自发磁化小区域，而相邻的不同区域之间磁矩排列的方向不同，这些小区域称为磁畴（magnetic domain），各个磁畴之间的交界面称为磁畴壁（magnetic domain wall）。在未经磁化的铁磁质中，虽然每一磁畴内部都有确定的自发磁化方向，有很大的磁性，但大量磁畴的磁化方向各不相同，因而整个铁磁质不显磁性。

当有外磁场作用时，那些自发磁化方向和外磁场方向成小角度的磁畴，其体积随着外加磁场的增大而扩大，并使磁畴的磁化方向进一步转向外磁场方向。另一些自发磁化方向和外磁场方向成大角度的磁畴，其体积则逐渐缩小，结果是磁化强度增高。随着外磁场强度的进一步增高，磁化强度增大，但即使磁畴内的磁矩取向一致，成了单一磁畴区，其磁化方向与外磁场方向也不完全一致。只有当外磁场强度增加到一定程度时，所有磁畴中磁矩的磁化方向才能全部与外磁场方向取向完全一致。此时，铁磁体就达到磁饱和状态，即成饱和磁化，饱和磁化值称为饱和磁感应强度（B_s）。

一旦达到饱和磁化后，即使磁场减小到零，磁矩也不会回到零，残留下一些磁化效应。这种残留磁化值称为残余磁感应强度（以符号 B_r 表示），若加上反向磁场，使剩余磁感应强度回到零，则此时的磁场强度称为矫顽磁场强度或矫顽力（H_c）。反向磁场继续加强直至在反方向上达到磁饱和，然后反向重复上述磁场变化过程，得到一团合的磁化曲线，称磁滞回线。

硬磁材料的剩余磁化强度和矫顽力均很大，在磁化后不易退磁而能长期保留磁性，所以称为永磁材料，适于作永久磁铁。硬磁铁氧体的晶体结构大致是六角晶系磁铅石型，其典型代表是钡铁氧体 $BaFe_{12}O_{19}$。这种材料性能较好，成本较低，不仅可用作电信器件如录音器、电话机及各种仪表磁铁，而且已在医学、生物和印刷显示等方面得到了应用。

矩磁材料的磁滞回线为矩形，基本上只有两种磁化状态，可用作磁性记忆元件。

5.4 材料的光学性能

5.4.1 光吸收性

光在材料中传播时，其强度或多或少地被削弱，这一衰减现象为光的吸收。假设强度为 I_0 的平行光束通过厚度为 x 的均匀介质，光通过一段距离后，强度减弱为 I，再通过一个极薄的 dx 后，强度变成 $I+dI$，因为光强是减弱的，此处的 dI 应是负值，如图 5-6 所示。

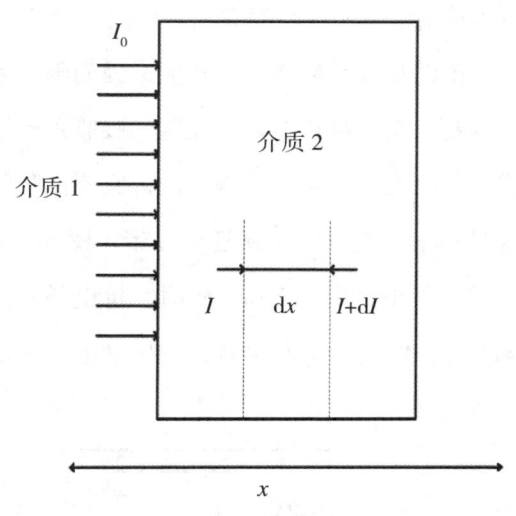

图 5-6 光的吸收

入射光强减少量 $\dfrac{dI}{I}$ 应与吸收层的厚度 dx 成正比，即 $\dfrac{dI}{I}=-\alpha \cdot dx$，并可转化为 $I=I_0 e^{-\alpha x}$，或表达为 $A=-\lg T=2.303\alpha x$。该方程即朗伯特定律，它表明光强随厚度的变化符合指数衰减规律。式中，负号表示光强随着厚度 x 的增加而减弱；A 表示吸光度；T 表示透光率在 0～100% 取值；α 为介质对光的吸收系数，即光通过单位距离时能量损失的比例系数，单位为 cm^{-1}。例如，空气的 α 为 $10^{-5}\ cm^{-1}$，玻璃的 α 为 $10^{-2}\ cm^{-1}$，而金属的 α 在 $10^4\ cm^{-1}$ 数量级以上，吸收系数 α 越大，表明吸收越强烈，透光率越低，因此金属对可见光是不透明的。α 的值取决于介质材料的性质和光的波长。

可见光区各类电性能材料的吸光性能与禁带宽度和光子能量的大小关系密切。在金属的电子能带结构中，费米能级以上存在许多空能级（晶体、空带）。当金属受到光线照射时，电子容易吸收入射光子的能量而被激发到费米能级以上的空能级上（空带）。各种不同频率的可见光，即具有各种不同能量的光子都能被吸收。因而金属对所有低频电磁波（包括可见光）

都是不透明的，除非某些金属薄膜厚度降到 0.1 μm 以下时，可能具有一定透光性。陶瓷或半导体的吸收系数通常也较大，因而陶瓷和半导体大多在可见光区的透明性较差。电介材料在可见光区的吸收系数通常不高。这是因为电介材料的价电子所处的能带是填满了的，它不能吸收光子而自由运动，而光子的能量又不足以使价电子跃迁到导带（图 5-7），所以在一定波长范围内，吸收系数很小。当 $\Delta E=h\gamma>E_g$ 时，价电子发生跃迁，产生吸收峰；当 $\Delta E=h\gamma<E_g$ 时，价电子不发生跃迁，导带电子不足以吸收光子而自由运动。

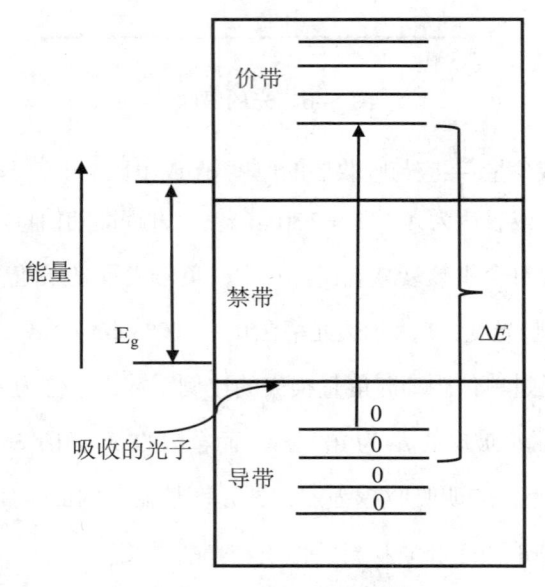

图 5-7　电子受激发越过禁带在价带留下一个空穴

只有当入射光子的能量与材料的某两个能态之间的能量差值相等时，光量子才可能被吸收。同时，材料中的电子从较低能态跃迁到高能态，产生吸收。可见光中波长最短的是蓝紫光，能量相当于 3.1 eV，波长最长的是红光，相应的能量为 1.8 eV。如果材料禁带宽度 E_g 小于 1.8 eV，意味着可见光中任何波长的光子都能将导带电子激发，产生吸收，固体材料表现为灰色或黑色，如典型的单晶硅（E_g=1.8 eV）、石墨（E_g=0.04 eV）等。如果材料禁带宽度 E_g 大于 3.1 eV，意味着材料可见光区的所有光子都不能激发电子，形成不了吸收，因而材料表现为透明无吸收，如金刚石（E_g=5.47 eV）、水晶（E_g=8～9 eV）等，或因材料相界过多，折射、散射频繁而表现为白色（如金红石型 TiO_2，E_g=3.1 eV）。如果材料禁带宽度 E_g 介于 1.8～3.1 eV，材料将有选择性地吸收某些波段光子，在可见光区产生带状吸收。

物质在紫外区一般都会出现紫外吸收端，其原因是紫外光的波长较短，光子携带能量较高，很容易实现 $\Delta E=h\gamma>E_g$，因而，物质结构中电子较容易获得能量激发至激发态，产生显著吸收。

材料在红外区的吸收与其结晶状态、化学键振动、转动、聚合物分子取向等多种因素有关。晶格中原子质量较大、键强较弱时可透过的光波长较长。由于晶格振动，无机非金属晶体（陶瓷）材料都可以吸收红外波段的光波，一些原子质量较小、键强较强的晶体在可见光的长波区也有吸收。

除了真空，没有一种物质对所有波长的电磁波都是绝对透明的。任何一种物质，它对某些波长范围内的光可以是透明的，而对另一些波长范围内的光却可以是不透明的。例如，在光学材料中，石英对所有可见光几乎都是透明的，在紫外波段也有很好的透光性能，且吸收系数不变，这种现象为一般吸收；但是对于波长范围为 3.5～5.0 μm 的红外光却是不透明的，且吸收系数随波长剧烈变化，这种现象为选择吸收。换言之，石英对可见光和紫外线的吸收甚微，而对上述红外光有强烈的吸收。

5.4.2 光散射性

光在均匀介质（折射率处处相等的）中传播只沿介质折射方向前进，

因此，均匀介质对光是不散射的。光散射是指光通过气体、液体、固体等介质时，遇到烟尘、微粒、悬浮液滴或结构成分不均匀的微小区域，都会有一部分能量偏离原来的传播方向而向四面八方弥散开来，这种现象称为光的散射（图5-8）。

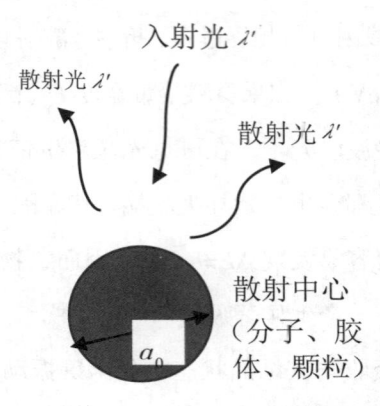

图 5-8 光的散射示意图

由散射引起的光强减弱规律与吸收规律形式相同，用方程 $I=I_0 e^{-\mu_s x}$ 表示。式中，I_0 为光的入射强度；I 为透过厚度为 x 的材料后，由于散射引起的剩余强度；μ_s 为散射系数，单位为 cm^{-1}，散射系数越大，表明散射越强烈。

材料对光的散射机理包括以下几点：①当光波的电磁场作用于物质中具有电结构的原子、分子等微观粒子时将激起粒子的受迫振动。这些受迫振动的粒子就会成为发光中心，向各个方向发射球面次波。空气中的分子就可以作为次波源，把阳光散射到我们的眼里，使我们看见物质。②由于固态和液态粒子结构的致密性，微粒中每个分子发出的次波位相相关联，合作发射形成一个大次波。由于各个微粒之间空间位置排列毫无规则，这些大次波不会因位相关系而相互干涉，因此，微粒散射的光波从各个方向都能看到。

根据散射前后光子能量（或光波波长）变化与否，散射可分为弹性散射和非弹性散射。弹性散射是散射前后光的波长（或光子能量）不发生变化，只改变方向的散射。当光通过介质时，从侧向接收到的散射光主要是波长（或频率）不发生变化的瑞利散射光，属于弹性散射。使用高灵敏度和高分辨率的光谱仪，可以发现散射光中还有其他光谱成分，它们在频率坐标上对称地分布在弹性散射光的低频和高频侧，强度一般比弹性散射微弱得多。这些频率发生改变的光散射是入射光子与介质发生非弹性碰撞的结果，称为非弹性散射。

散射系数与散射颗粒的大小、数量、分布以及散射相与基体的相对折射率等因素有关，相对折射率愈大，其散射愈严重。散射的程度主要取决于散射中心的粒径大小，当光的波长约等于散射中心的粒径时，出现散射的峰值，散射表现为最强。当散射中心粒径远远小于可见光波长时，如 $a_o=0.1\lambda$ 或 $a_o<\lambda/3$，散射光线的强度与入射光线波长的四次方成反比（$I_s \propto 1/\lambda^4$），因此对于较短波长的散射程度要远远大于较大波长，即对入射光波长有选择性。这种散射规律是由英国物理学家瑞利于1900年发现的，因此被称作瑞利散射，真溶液体系一般都会出现瑞利散射。当微粒半径 a_o 接近于或者略大于入射光线的波长 λ 时，大部分的入射光线会沿着前进的方向进行散射，即散射基本不改变光子传播方向，且对波长几乎没有选择性，这种现象被称为米氏散射（Mie scattering）。白光散射的结果一般也是白光，散射效果主要与粒子横截面积成比例，这种大微粒包括灰尘、水滴及来自污染物的颗粒物质，如烟、雾等。而当 a_o 显著大于入射光波长 λ 时，反射、折射引起的总体散射起主导作用，散射系数正比于散射质点的投影面积。

5.4.3 光折射特性

光的折射是电磁波与物质间的相互作用,是重要的科技研究领域。在光学成像技术、光纤通信技术、光谱分析技术和化学结构分析等领域,光的折射现象有许多有价值的应用。折射现象的产生机理是折射应用的基础和开发光学介质的依据,是光学材料的重要特征参数。物质的折射率不仅与光线的波长、物质结构、密度等有关,并且随外界温度、压力等条件改变而变化。

最初的折射率定义来自几何光学,光线由真空射入介质时发生光线弯曲,即折射,入射光线与法线的夹角为 θ_1,折射光线与法线的夹角为 θ_2,折射率定义为 $n=\dfrac{\sin\theta_1}{\sin\theta_2}=\dfrac{c}{v}$,式中,$c$ 为光线在真空中的传播速度,v 为在介质中的传播速度。如果光线是从折射率为 n_1 的光疏介质入射折射率为 n_2 的光密介质,则相对折射率表示为 $n_{21}=\dfrac{\sin\theta_1}{\sin\theta_2}=\dfrac{n_2}{n_1}=\dfrac{v_1}{v_2}$,式中,$v_1$、$v_2$ 分别表示光线在介质 1 和介质 2 中的传播速度。

光折射现象的微观本质与材料的结构性能关系密切,涉及材料的磁导率 μ 和介电常数 ε。光在真空中和介质中的传播速度可分别表示为 $c=\dfrac{1}{\sqrt{\varepsilon_o\mu_o}}$ 和 $v=\dfrac{1}{\sqrt{\varepsilon\mu}}$。对于非铁磁性物质,相对磁导 $\mu_r=1$,折射率就是介质中光速与真空中光速之比,即 $n=\dfrac{v}{c}=\sqrt{\dfrac{\varepsilon\mu}{\varepsilon_o\mu_o}}=\sqrt{\dfrac{\varepsilon}{\varepsilon_o}}=\sqrt{\varepsilon_r}$。对于铁磁性物质,相对磁导率 $\mu_r>1$,故而,折射率 $n=\sqrt{\dfrac{\varepsilon\mu}{\varepsilon_o\mu_o}}=\sqrt{\varepsilon_r\mu_r}$。因此,材料的折射率实际上是对其电极化特性的间接反映,介电常数高,容易被电极化的材料常常具有较高的折射率。从光子微观作用原理上来说,电磁辐射作用到介质上时,其原子受到电场作用,使原子的正、负电荷重心发生相对位移，即产生了极化，而这种相互作用同时也使光子速度减弱，折变加剧。从材料结构与电极化关系来看，电子极化普遍存在，对于均质无相界的光学材料，电子极化是主要的极化形式。要想提高材料的折射率，必须设法增加其电子极化倾向。材料中具有原子半径较大、电子云相对疏松的原子结构时，往往可以获得较高折射率。如含有硫醚（特别是环硫醚）、硒醚（C—Se—C）、溴代、碘代结构的有机材料。对有机化合物或有机高分子材料，依据其中基团结构特征，折射率一般按下列顺序增大：

$$-CF_2-,\ -O-,\ -\overset{O}{\underset{\|}{C}}-,\ -CH_2-,\ -C_6H_4-,\ -CCl_2-,\ -CBr_2-$$

大多数碳－碳聚合物的折射率大约为 1.5；具有较大极化率和较小分子体积的苯环/芳环结构聚合物具有较高的折射率；含有相同碳数的碳氢基团，折射率按支化链、直链、脂环、芳环的顺序变大。分子中引入除 F 以外的卤族元素、S、P、砜基、稠环、部分重金属离子等可提高折射率，而分子中含有甲基和 F 原子时折射能力降低。某些无机晶体材料的高折射率应当与其晶格极化、空间极化等有关。与之相反的是，某些材料具有较低的折射率，微观结构上与其含有较多结构较为紧密的原子、不易电子极化的原子有关，如含氟量较高的有机材料通常具有较低的折射率，二氧化硅晶格中的硅原子可看作 Si^{4+}，半径很小，电子云收缩紧密，不易电子极化，也是导致其较低折射率的主要原因。很多学者总结认为，用大离子的无机材料容易获得高折射率的材料，如 PbS 晶体折射率为 3.912；用小离子得到低折射率的材料，如 $SiCl_4$ 的折射率仅为 1.412。部分典型聚合物材料的折射率列于表 5–2。

表 5-2 部分典型聚合物材料的折射率（25 ℃，λ =589.3 nm）

高聚物	折射率 n	高聚物	折射率 n
聚四氟乙烯	1.35 ~ 1.38	聚丁二烯	1.515
聚二甲基硅氧烷	1.404	聚 1,4- 顺异戊二烯	1.519
聚偏氟乙烯	1.42	聚丙烯腈	1.518
聚丙烯丁酯	1.46	聚乙二酰乙二胺	1.53
聚甲基 1- 戊烯	1.46	聚氯乙烯	1.54 ~ 1.55
聚丙烯（无规立构）	1.47	环氧树脂	1.55 ~ 1.60
聚乙酸乙烯酯	1.467	聚氯丁二烯	1.55 ~ 1.56
聚甲醛	1.48	聚碳酸酯	1.585
聚甲基丙烯酸甲酯	1.488	聚苯乙烯	1.59
聚异丁烯	1.509	聚对苯二甲酸乙二酯	1.64
聚丙烯	1.495 ~ 1.51	聚偏氯乙烯	1.60 ~ 1.63
聚乙烯	1.51 ~ 1.55（取决于结晶度）	聚二甲基对亚苯基	1.661
		聚乙烯基咔唑	1.68

5.4.4 光反射特性

当光纤照射到介质粗糙表面时，发生光的漫反射。如果界面比较光洁，则发生正常反射。法国物理学家及军事工程师马吕斯于 1808 年发现光反射时的偏振性。一束由空气射入玻璃的光在界面产生发射与折射，入射光线和法线所成的平面称为入射面，如图 5-9（a）所示。图 5-9 中光线上的短线与圆点表示光的偏振方向，短线表示偏振方向平行于入射面，圆点表示偏振方向垂直于入射面。入射光为自然光，各种偏振方向的光混杂均匀。马吕斯发现，反射光是部分偏振光，垂直于入射面的振动大于平行于入射面的振动，折射光也是部分偏振光，且平行于入射面的振动大于垂直入射面的振动。反射光的偏振程度与入射角有关。当入射角 i 等于某特定值 i_0 时，反射光将变成完全偏振光，且振动面垂直于入射面，折射光为部分偏振光，如图 5-9（b）所示。i_0 这一特定入射角称为布儒斯特角，且布儒斯特角可用方程 $\tan i_0 = \dfrac{n_1}{n_2}$ 求出。同时还可证明，当入射角取布儒斯特角时，反射线与折射线方向垂直。

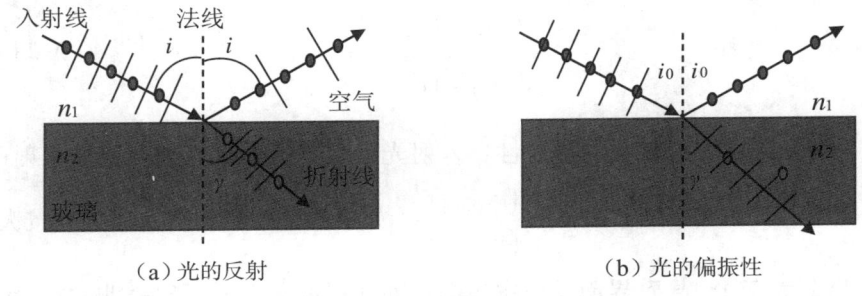

图 5-9 光的反射和偏振性

光学材料出现全反射情形的条件是光线由光密介质（折射率 n_1）入射到光疏介质（折射率 n_2），如图 5-10 所示。当折射角 θ_2 趋于 90° 时，发生全反射，此时对应的入射角 θ_1 即为全反射临界角 θ_c。$\theta_c = \sin^{-1}(n_2/n_1)$，且 $n_2 < n_1$，$\theta_c < 90°$。

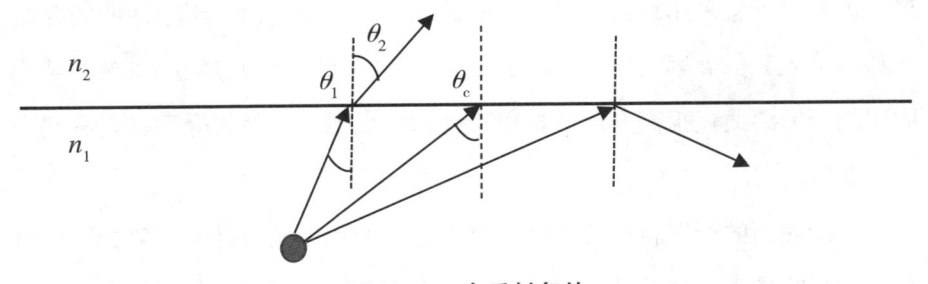

图 5-10 全反射条件

材料的反光性往往也是很多光学器件或电子产品的重要指标，例如在太阳能电池领域，表面透明玻璃盖板同时存在反射与折射，如果对入射阳光的反射率越高，则对光伏转化效率影响越大，生产效率降低，应当设法降低盖板表面的反射率。高档光学镜头、LED、OLED/LCD显示屏、光纤接驳器等器件都涉及降低反射、增加透射率的问题，"减反增透"是目前光伏、光电信息等领域的关键技术之一。当光线由一种介质（折射率n_1）射入另一种介质（折射率n_2）时，在界面产生反射，其反射系数R（最高为接近1）可由相对折射率n_{21}（即n_2/n_1）和消光系数k计算获得：

$$R = \frac{\left[(n_{21}-1)^2 + k^2\right]}{\left[(n_{21}+1)^2 + k^2\right]} \qquad (5-11)$$

消光系数k与材料的透光性、入射光波长、折射率有关。当被入射的介质透明时，$k=0$，则R简化为$\frac{(n_{21}-1)^2}{(n_{21}+1)^2}$。如果两种介质的折射率相差较大，$n_{21}$显著大于1，导致界面反射率较高；而如果两种介质折射率非常接近，则n_{21}接近1，界面反射率很小，接近零。因此，缩小两种介质折射率差距是实现"减反增透"目的的关键。多数透明无机材料折射率相对于空气较高，界面产生较高反射损失。透过介质表面镀低折射率的增透膜，或将多次透过的玻璃用折射率与之相近的胶粘起来，以减少空气界面造成的损失，苹果手机触摸屏就采用该技术增加屏幕亮度和清晰度。而对于不透明的介质材料，消光系数k远大于1，R较高，接近1，界面反射接近100%。某些应用场合需要通过提高介质的折射率来增加反射率，使得介质材料看起来光彩夺目。

光滑表面的金属材料（晶体）对入射光的作用较特殊，一般金属对可见光的吸收较强，导致基本不透明，但大部分被金属吸收的光又会从表面上以同样波长的光波发射出来，使界面反射率R接近1。根据此性质，常利用金属薄层来做反光镜。且金属膜的反射率与波长成反比。

5.4.5 材料的透明性

材料可以使光透过的性能称为透光性，即光透过介质材料后剩余光能所占的百分比，透光性是一个综合指标。影响材料透光性的因素主要是材料的吸收系数、反射系数及散射系数，其中吸收系数与材料的性质密切相关，如金属材料因吸收系数太大而不透光。陶瓷、玻璃和大多数纯净的高分子介电材料，吸收系数在可见光范围内是比较低的，不是影响透光性的主要因素。

5.5 材料的耐腐蚀性

高分子材料的腐蚀就是指高分子材料在加工、储存和使用过程中，由于内因和外因的综合作用，其物理化学性能逐渐变坏，以致最后丧失应用价值的现象。习惯上我们称高分子材料的腐蚀为"老化"。高分子材料发生腐蚀时通常外观、物理性能、力学性能、电性能等会发生变化。

（1）外观的变化：出现污渍、斑点、银纹、裂缝、喷霜、粉化及光泽、颜色的变化。

（2）物理性能的变化：包括溶解性、溶胀性、流变性能，以及耐寒、耐热、透水、透气等性能的变化。

（3）力学性能的变化：如抗张强度、弯曲强度、抗冲击强度等的变化。

（4）电性能的变化：如绝缘电阻、电击穿强度、介电常数等的变化。

高分子材料的腐蚀特点与金属不同，如金属是导体，腐蚀以金属离子溶解进入电解液的形式发生，可用电化学过程说明。高分子材料一般不导电，也不以离子形式溶解，不能用电化学规律来说明；金属腐蚀大多发生在金属表面并向深处发展，而对于高分子材料，所处环境中的试剂向材料内渗透扩散才是其腐蚀的主要原因。

5.5.1 耐酸碱性和耐有机溶剂性

对于高分子材料来说，其主链原子以共价键结合，而且即使含有反应性基团，其长分子链对这些反应基团都有保护作用，所以作为材料使用，其化学稳定性较好，一般对酸和碱都有较好的耐受性。

金属材料和无机非金属材料一般不受有机溶剂侵蚀，而高分子材料的使用则常常要考虑有机溶剂的耐受性问题。热塑性高分子材料一般由线形高分子构成，很多有机溶剂都可以将其溶解，但能溶胀，使材料体积膨胀，性能变差。交联密度足够高时，也有良好的耐溶剂性。不同的高分子材料，其分子链以及侧基不同，对各种有机溶剂表现出不同的耐受性。此外，组织结构对耐溶剂性也有较大影响。例如，作为结晶性聚合物，聚乙烯在大多数有机溶剂中都难溶，因而具有很好的耐溶剂性。

5.5.2 耐老化性

耐老化性是高分子材料使用过程中面临的问题。很多高分子材料在太阳光照射下容易老化，导致性状发生变化（如黄变）、力学性能下降等，这主要是因为聚合物分子链吸收太阳光中的紫外线能量而发生光学降解反应。

高分子的化学结构和物理状态对其老化变质有着极其重要的影响。例如聚四氟乙烯有极好的耐老化性能，这是因为电负性最大的氟原子与碳原子形成牢固的化学键，同时氟原子的尺寸大小适中，一个紧挨一个，能把碳链紧紧包围住，如同形成了一道坚固的"围墙"保护碳链免受外界攻击。聚乙烯相当于把聚四氟乙烯的所有氟换成氢，而 C—H 键不如 C—F 键结合牢固，此外，氢原子的尺寸很小，在聚乙烯分子中不像氟原子那样能把碳链包围住。因此，聚乙烯的耐老化性能比聚四氟乙烯差。聚丙烯分子的每一个链节中都有一个甲基支链，或者说都含有一个碳原子，其上的氢原子容易脱掉而成为活性中心，引起迅速老化。所以，聚丙烯的耐老化性能还不如聚乙烯。此外，分子链中含有不饱和双键、聚酰胺的酰胺键、聚碳酸酯的酯键、聚砜的碳硫键、聚苯醚的苯环上的甲基等，都会降低高分子材料的耐老化性。

为了防止或减轻高分子材料的老化，在制造成品时通常都要加入适当的抗氧化剂和光稳定剂以提高其抗氧化能力，其中光稳定剂主要有光屏蔽剂、紫外线吸收剂、猝灭剂等。光屏蔽剂是指能在聚合物与光辐射源之间起屏障作用的物质，聚乙烯的铝粉涂层以及分散于橡胶中的炭黑都是光屏蔽剂的实例。紫外线吸收剂的功能在于吸收并消散能引发聚合物降解的紫外线辐射。这类稳定剂一般都能透过可见光，但吸收紫外线，因此可将其看作紫外光区的屏蔽剂。它与光屏蔽剂之间的区别只是光线波长范围不同，在作用机理上是相同的。猝灭剂的功能是消散聚合物分子上的激发态的能量，所以猝灭剂是很有效的光稳定剂。

老化一般是太阳光照射造成的，因此耐老化测试通常模拟太阳光辐射条件，把测试样品放在老化试验箱中，辐照一定时间然后观察性能变化。辐照光源可采用氙灯，其特点是可仿制全部的太阳光谱，包括紫外光、可见光和红外光，所要评估的性能视材料的实际应用需要而定，包括外观（如颜色变化）、力学性能等。

一般认为，长期在室外暴露的耐久性材料，受短波紫外光照射引起的老化损害最大。基于这样的原理，耐老化试验中也普遍采用紫外光作为老化试验的辐射源。与氙灯老化试验不同，紫外光老化试验并不企图仿制太阳光线，而只是模仿太阳光的破坏效果。

第6章　高分子材料成型基础

6.1 高分子材料的配方设计

高分子材料的配方设计是一个富于挑战性的、专业性很强的技术工作。因此，配方设计绝不是各种原材料之间简单的、经验性的组合，而是在对高分子材料结构与性能关系充分研究基础上综合的结果。制品设计必须贯彻"实用、高效、经济"的原则，即制品的实用性要强，成型加工工艺性要好，生产效率要高，成本要低，要满足上述的要求必须从以下7个方面考虑。

（1）根据制品的使用目的和用途，确定应具备的性能特点、载荷条件、环境条件、成本限制、适用标准等，这是至关重要的一环。对于零部件，还应考虑与其他组装件之间的内在联系及在整个产品中的地位与影响。同时应做好数据收集（包括高分子性能数据、成型加工工艺的相关数据、应用数据等），制定质量要求（提出制品性能，分析影响主要性能的因素、使用环境、装配、应用等），预测需求（需求量和时间、成本水平和市场前景等）。

（2）形状造型设计。这一环节主要考虑制品的功能、刚度、强度和成型工艺等，应力求做到形状对称、造型轻巧、结构紧凑。画出草图，了解确定哪些尺寸是规定的，哪些尺寸可变。

（3）合理选材。在分析制品使用目的和用途对材料性能要求与成型加工特点的基础上，选择多种候选材料，试制出样品，经性能测试、收集用户使用意见后，通过比较分析，确定制品最终选用的材料。通常，选择并不是唯一的，而且每种材料各有优缺点，选材时应做到在满足制品性能要求的前提下，"扬长避短、合理使用"。

（4）样品的初步设计。这一环节包括配方设计、工艺设计、结构设计和模具设计等，涉及原材料、工艺、成本、质量等诸多因素，务必统筹兼顾。

（5）样品试制。在初步设计的基础上，对试制样品作整体检验，通过试模，检验并分析样品的尺寸精度、粗糙度、成型时间、成型难易程度、设计的合理性和是否存在应力集中等，以获得多种不同方案的工艺条件和样品，供测试评价用。

（6）性能测试、定额测算及成本核算。通过这一环节确定技术质量指标、测算班（台）产量及原材料、水电煤的消耗定额、成品率，核定成本，得出理想的设计方案。如不符合制品要求，则返回重新调整设计方案，再试验，一直到符合要求为止。

（7）制品合格后，编制设计说明书及有关技术文件，包括原材料标准及检验方法、生产流程、工艺操作规程、制品企业标准及检验方法、环保及三废处理、车间布置及配套设施等。

6.2 高分子材料配方的表示方法

常用以下两种方法表示配方。

（1）以高分子化合物为100份的配方表示法：以高分子化合物质量为100份，其他组分则以相对于高分子化合物的质量份数表示。该方法应用广泛，适于工业生产，也是大多数科研论文和报告中的配方表示方法。

（2）以混合料为100份的配方表示法：以高分子化合物及各种添加剂的混合料总质量为100份，各组分以质量分数表示。该方法便于成本核算，计算材料消耗。

除此之外，还有以混合料体积为100份表示的配方。当已知各种组分密度时，可以高分子化合物为100份的配方很方便地换算出来，然后归一即可。该方法常用于按体积计算成本。

6.3 热塑性塑料成型

热塑性塑料品种繁多，即使同一品种，也由于树脂及附加物配比不同而使用不同的工艺。另外，为了改变原有品种的特性，常用共聚、交联等各种化学方法在原有的树脂中导入一定百分比的其他单体或高分子材料等，以改变原有树脂的结构，成为具有新的改进物性和加工性的改性产品。例如，ABS即为在聚苯乙烯分子中导入了丙烯腈、丁二烯等第二和第三单体后成为改性共聚物，可看作改性聚苯乙烯，具有比聚苯乙烯优异的综合性能、工艺特性。由于热塑性塑料品种多、性能复杂，即使同一类的塑料也有仅供注塑用和挤出用之分，本章节主要介绍各种注塑用的热塑性塑料。

6.3.1 影响热塑性塑料成型收缩的因素

热塑性塑料在成型过程中，由于还存在结晶化引起的体积变化、内应力强、冻结在塑件内的残余应力大、分子取向性强等因素，因此与热固性塑料相比，其收缩率更大，收缩率范围更宽、方向性更明显。另外，热塑性塑料成型后的收缩、退火或调湿处理后的收缩率，一般也都比热固性塑料大。

6.3.1.1 塑件特性

成型时熔融料与型腔表面接触，外层立即冷却，形成低密度的固态外壳。由于塑料的导热性差，塑件内层缓慢冷却，从而形成收缩率大的高密度固态层。所以，壁厚、冷却慢、高密度层厚的塑件收缩率大。另外，有无嵌件及嵌件布局、数量都直接影响料流方向、密度分布及收缩阻力大小等，所以塑件的特性对收缩率、方向影响较大。

6.3.1.2 进料口形式、尺寸、分布

进料口形式、尺寸、分布直接影响料流方向、密度分布、保压补缩作用及成型时间。直接进料口、进料口截面大（尤其截面较厚）的热塑性塑料收缩率小，但方向性大；进料口宽及长度短的，则方向性小；距进料口近的或与料流方向平行的，则收缩大。

6.3.1.3 成型条件

模具温度高，熔融料冷却慢、密度高、收缩率大。尤其是结晶料，因结晶度高，体积变化大，故收缩率更大。模温分布与塑件内外冷却及密度均匀性也有关，直接影响各部分收缩率及方向性。另外，保持压力及时间对收缩率也影响较大，压力大、时间长的热塑性塑料，收缩率小，但方向性大。注塑压力高，熔融料黏度差小，层间剪切应力小，脱模后弹性回跳大，故收缩率也可适量地减小。料温高的收缩率大，但方向性小。因此，在成型时调整模温、压力、注塑速度及冷却时间等诸因素，也可适当改变塑件的收缩情况。

在模具设计时，根据各种塑料的收缩范围，塑件壁厚、形状，进料口

形式尺寸及分布情况，按经验确定塑件各部位的收缩率，再来计算型腔尺寸。对高精度塑件及难以掌握收缩率时，一般宜用如下方法设计模具。

（1）对塑件外径取较小收缩率，内径取较大收缩率，以留有试模后修正的余地。

（2）试模确定浇注系统形式、尺寸及成型条件。

（3）要后处理的塑件经后处理确定尺寸变化情况（测量时必须在脱模后 24 h 以后）。

（4）按实际收缩情况修正模具。

再试模并可适当地改变工艺条件略微修正收缩值以满足塑件要求。

6.3.2 流动性

热塑性塑料流动性大小，一般可从相对分子质量大小、熔融指数、阿基米德螺线流动长度、表观黏度及流动比（流程长度/塑件壁厚）等一系列指数进行分析。相对分子质量小，相对分子质量分布宽，分子结构规整性差，熔融指数高、螺线流动长度长、表观黏度小，流动比大的则流动性就好。对同一品名的塑料，必须检查其说明书判断其流动性是否适用于注塑成型。按模具设计要求大致可将常用塑料的流动性分为以下三类。

（1）流动性好：尼龙、聚乙烯、聚苯乙烯、聚丙烯、醋酸纤维素、聚（4-甲基-1-戊烯）。

（2）流动性中等：聚苯乙烯系列树脂（如 ABS、AS）、有机玻璃、聚甲醛、聚苯醚。

（3）流动性差：聚碳酸酯、硬聚氯乙烯、聚苯醚、聚砜、聚芳砜、氟塑料。

各种塑料的流动性也因各成型因素而变，主要影响因素有以下几点。

（1）温度：料温高则流动性增大，但不同塑料也各有差异，聚苯乙烯（尤其耐冲击性及 MFR 值较高的）、聚丙烯、尼龙、有机玻璃、改性聚苯乙烯（如 ABS、AS）、聚碳酸酯、醋酸纤维素等塑料的流动性随温度变化较大。对聚乙烯、聚甲醛，温度增减对其流动性影响较小。所以前者在成型时宜调节温度来控制流动性。

（2）压力：注塑压力增大则熔融料受剪切作用大，流动性也增大，特别是聚乙烯、聚甲醛较为敏感，所以成型时宜调节注塑压力来控制流动性。

（3）模具结构：浇注系统的形式、尺寸、布置，冷却系统设计，熔融料流动阻力（如型面光洁度、料道截面厚度、型腔形状、排气系统）等因素都直接影响到熔融料在型腔内的实际流动性，凡促使熔融料降低温度，增加流动性阻力的，流动性就降低。模具设计时应根据所用塑料的流动性，选用合理的结构。成型时也可控制料温、模温及注塑压力、注塑速度等因素，来适当地调节填充情况以满足成型需要。

6.3.3 结晶性

热塑性塑料按其冷凝时有无出现结晶现象，可划分为结晶型塑料与非结晶型（又称无定形）塑料两大类。

所谓结晶现象即为塑料由熔融状态到冷凝时，分子由独立移动，完全处于无次序状态，变成分子停止自由运动，按略微固定的位置，并有一个使分子排列成为正规模型的倾向的一种现象。

判别这两类塑料的外观标准：一般结晶性料为不透明或半透明（如聚甲醛等），无定形料为透明（如有机玻璃等）。但也有例外情况，如聚（4-甲基-1-戊烯）为结晶型塑料却有高透明性，ABS 为无定形料但并不透明。

在模具设计及选择注塑机时应注意对结晶型塑料有下列要求及注

意事项。

（1）料温上升到成型温度所需的热量多，要用塑化能力大的设备。

（2）冷却回化时放出热量大，要充分冷却。

（3）熔融态与固态的比重差大，成型收缩大，易发生缩孔、气孔。

（4）冷却快，结晶度低，收缩小，透明度高。结晶度与塑件壁厚有关，壁厚则冷却慢，结晶度高，收缩大，物性好。所以结晶性料应按要求控制模温。

（5）各向异性显著，内应力大。脱模后未结晶化的分子有继续结晶化倾向，处于能量不平衡状态，易发生变形、翘曲。

（6）结晶化温度范围窄，易发生未熔粉末注入模具或堵塞进料口。

6.3.4 热敏性塑料及易水解塑料

热敏性指某些塑料对热较为敏感，在高温下受热时间较长或进料口截面过小，剪切作用大时，料温增高易发生变色、降解、分解的倾向。具有这种特性的塑料称为热敏性塑料，如硬聚氯乙烯、聚偏氯乙烯、醋酸乙烯共聚物，聚甲醛，聚三氟氯乙烯等。

热敏性塑料在分解时产生单体、气体、固体等副产物，特别是有的分解气体对人体、设备、模具都有刺激、腐蚀作用或毒性。因此，模具设计、选择注塑机及成型时都应注意，应选用螺杆式注塑机，浇注系统截面宜大，模具和料筒应镀铬，不得有死角滞料，必须严格控制成型温度、塑料中加入稳定剂，减弱其热敏性能。

有的塑料（如聚碳酸酯）即使含有少量水分，在高温、高压下也会发生分解，这种性能称为易水解性，对此必须预先加热干燥。

6.3.5　应力开裂及熔体破裂

有的塑料对应力敏感，成型时易产生内应力并质脆易裂，塑件在外力作用下或在溶剂作用下即发生开裂现象。为此，除了在原料内加入添加剂提高抗裂性外，对原料应注意干燥，合理地选择成型条件，以减少内应力和提高抗裂性，并应选择合理的塑件形状，不宜设置嵌件等措施，尽量减少应力集中。模具设计时应增大脱模斜度，选用合理的进料口及顶出机构，成型时应适当地调节料温、模温、注塑压力及冷却时间，尽量避免塑件过于冷脆时脱模，成型后塑件还宜进行后处理提高抗裂性，消除内应力并禁止与溶剂接触。

一定融熔体流动速率的聚合物熔体，在恒温下通过喷嘴孔时，其流速超过某值后，熔体表面发生明显横向裂纹称为熔体破裂，有损塑件外观及物性。故在选用熔体流动速率高的聚合物时，应增大喷嘴、浇道、进料口截面，降低注塑速度，提高料温。

6.3.6　热性能及冷却速度

各种塑料有不同比热、热传导率、热变形温度等热性能。比热高的材料塑化时需要的热量大，应选用塑化能力大的注塑机。热变形温度高的塑料冷却时间短，脱模早，但脱模后要防止冷却变形。热传导率低的塑料冷却速度慢（如离子聚合物等冷却速度极慢），故必须充分冷却，要加强模具冷却效果。热浇道模具适用于比热低、热传导率高的塑料。比热大、热传导率低、热变形温度低、冷却速度慢的塑料则不利于高速成型，必须选用适当的注塑机及加强模具冷却。

各种塑料按其种类特性及塑件形状，要求必须保持适当的冷却速度。

所以模具必须按成型要求设置加热和冷却系统，以保持一定模温。当料温使模温升高时应予冷却，以防止塑件脱模后变形，缩短成型周期，降低结晶度。当塑料余热不足以使模具保持一定温度时，则模具应设有加热系统，使模具保持在一定温度，以控制冷却速度，保证流动性，改善填充条件或用以控制塑件使其缓慢冷却，防止厚壁塑件内外冷却不均及提高结晶度等。对流动性好、成型面积大、料温不均的则按塑件成型情况，有时需加热或冷却交替使用，或局部加热与冷却并用。为此模具应设有相应的冷却或加热系统。

6.3.7 吸湿性

塑料中因有各种添加剂，使其对水分有不同的亲疏程度，所以塑料大致可分为吸湿、黏附水分及不吸水也不易黏附水分的两种，料中含水量必须控制在允许范围内，不然在高温、高压下水分变成气体或发生水解作用，使树脂起泡、流动性下降、外观及力学性能不良。所以吸湿性塑料必须按要求采用适当的加热方法及规范进行预热，在使用时还需用红外线辐照以防止再吸湿。

6.4 高分子材料添加剂

各种添加剂在高分子材料中的功能不一。

6.4.1 增塑剂

6.4.1.1 增塑剂的作用

增塑剂一般与聚合物互溶性较好。在聚合物中，增塑剂有以下作用：

①使配合剂与聚合物混合容易；②使混合物变软，加工工艺变好；③使制品在常温下表现柔软；④使制品的耐寒性增加。

6.4.1.2 增塑剂作用机理

增塑剂一般是有机物，是高沸点的油类或低熔点的固体。

1. 非极性增塑剂

非极性增塑剂起溶剂化作用，增塑剂使聚合物分子之间的距离增大，降低了聚合物分子间的作用力。增塑剂的体积越大，增塑效果越好。

2. 极性增塑剂

极性增塑剂起屏蔽作用，增塑剂分子中的极性基团与聚合物分子的极性基团相互吸引，从而取代了聚合物分子间的极性基团的相互吸引，降低了聚合物分子间的作用力。增塑剂的增塑效果与其分子数有关。

6.4.1.3 增塑剂的性质

1. 相容性

相容性是指增塑剂与聚合物容易混合。因为增塑剂对聚合物的作用发生在分子之间，所以可将增塑剂与聚合物的溶解度参数相近与否作为依据。

2. 稳定性

稳定性即在材料内部的迁移性和材料表面的挥发性。例如，增塑聚氯乙烯制品长时间使用会发黏。

解决相容性和稳定性最有效的方法是采用内增塑。例如，聚氯乙烯在共聚物中加醋酸乙烯，得聚乙酸乙烯酯。

6.4.1.4 增塑剂的选用

（1）溶解度参数：增塑剂与聚合物的溶解度参数相近，相容性才好。

（2）相对分子质量：相对分子质量越小，在聚合物分子中的活动能力就越大，渗透力也就大，易混合均匀，增塑效果好，但是稳定性差。这二者相互冲突。

（3）分子上的基团：基团体积大，增塑剂在聚合物中不易运动，稳定性增强。另外，基团也影响溶解度参数。

6.4.2 热稳定剂

热稳定剂主要针对聚氯乙烯、氯醚橡胶（聚环氧氯丙烷）、聚甲醛等，但机理不同。

6.4.2.1 不稳定机理

一般主链上 C—C 键能受侧链取代基和原子的影响：分布规则且极性大的取代基能增加主链 C—C 键能，提高聚合物稳定性；而不规整的取代基能降低聚合物的稳定性。以聚氯乙烯为例，影响聚氯乙烯热稳定性的因素如下。

（1）温度：随着温度升高，聚氯乙烯树脂的热降解大大加速。

（2）氧气：氧加速了聚氯乙烯树脂的热降解。

（3）光：加速了聚氯乙烯树脂的热降解。

（4）相对分子质量：随聚氯乙烯树脂型号增高（即相对分子质量变小），热稳定性变差。

（5）HCl：脱出的 HCl 会加速聚氯乙烯的降解（自催化现象）。

6.4.2.2 稳定机理

聚氯乙烯的热稳定机理相当复杂，有以下机理。

（1）去除聚合物降解后产生的活性中心——抑制聚合物进一步降解，

热稳定剂可为有机锡。

（2）转变在降解中起催化剂作用的物质，中和 HCl，阻滞聚氯乙烯降解。热稳定剂可为金属皂类钝化杂质（金属杂质）。

6.4.2.3 热稳定剂的种类及选择

常用热稳定剂：铅盐、硬脂酸盐、有机锡、复合稳定剂、稀土、环氧化合物等。

选择热稳定剂的依据：制品要求（性能、尺寸）、成型加工方法（挤出成型、注射成型）。

6.5 挤出成型

挤出成型是一种高效、连续、低成本、适应面宽的成型加工方法，是高分子材料加工中出现较早的一门技术。经过多年的发展，挤出成型是聚合物加工领域中生产品种最多、变化最多、生产率高、适应性强、用途广泛、产量所占比重最大的成型加工方法。挤出成型适合于除某些热固性塑料外的大多数塑料材料，约 50% 的热塑性塑料制品是通过挤出成型完成的，同时，也大量用于化学纤维和热塑性弹性体及橡胶制品的成型。挤出成型方法能生产管材、棒材、板材片材、异型材、电线电缆护层、单丝等各种形态的连续型产品，还可以用于混合、塑化、造粒、着色和高分子材料的共混改性等。并且，以挤出成型为基础，结合吹胀、拉伸等方法，发展出的挤出-吹塑成型技术和挤出—拉幅成型技术是制造薄膜和中空制品等的重要方法。

挤出成型又称挤压模塑或挤塑成型，主要是指借助螺杆或柱塞的挤压作用，使受热熔化的高分子材料在压力的推动下，强行通过机头模具而成为具有恒定截面连续型材的一种成型方法。挤出成型过程主要包括加料、熔融塑化、挤压成型、定型和冷却等过程。

挤出过程可分为两个阶段：第一阶段是使固态塑料塑化（即变成黏性流体），并在加压下使其通过特殊形状的口模，从而成为截面与口模形状相仿的连续体；第二阶段是用适当的方法使挤出的连续体失去塑性状态，从而变成固体，即得所需制品。

按照塑化的方式不同，挤出工艺可分为干法和湿法两种。干法的塑化是靠加热将塑料变成熔体，塑化和加压可在同一个设备内进行，其定型处理仅为简单的冷却；湿法的塑化是用溶剂将塑料充分软化，因此塑化和加压须分为两个独立的过程，而且定型处理必须采用较麻烦的溶剂脱除，同时还得考虑溶剂的回收。湿法挤出虽在塑化均匀和避免塑料过度受热方面存在优点，但基于上述缺点，它的适用范围仅限于硝酸纤维素和少数醋酸纤维素塑料的挤出。

6.6　注射成型

精确的塑料制品成型过程自动化程度高，在塑料成型加工中有着广泛的应用。但随着塑料制品应用日益广泛，人们对塑料制品的精度、形状、功能、成本等提出了更高的要求，传统的注射成型工艺已难以适应这种要求，主要表现在以下3个方面。

（1）生产大面积结构制件时，高的熔体黏度需要高的注塑压力，高的注塑压力要求大的锁模力，从而增加了机器和模具的费用。

（2）生产厚壁制件时，难以避免表面缩痕和内部缩孔，塑料件尺寸精度差。

（3）加工纤维增强复合材料时，缺乏对纤维取向的控制能力，基体中纤维分布随机，增强作用不能充分发挥。

因此，在传统注射成型技术的基础上，又发展了一些新的注射成型工艺，如气体辅助注射、剪切控制取向注射、层状注射、熔芯注射、低压注射等，以满足不同应用领域的需求。

注射成型技术可用来生产空间几何形状非常复杂的塑料制件。它具有应用面广、成型周期短、花色品种多、制件尺寸稳定、产品效率高、模具服役条件好、塑料尺寸精密度高、生产操作容易、实现机械化和自动化等诸方面的优点。因此，在整个塑料制件生产行业中，注射成型占有非常重要的地位。目前，除了少数几种塑料品种外，几乎所有的塑料（即全部热塑性塑料和部分热固性塑料）都可以采用注射成型。

注射成型技术的发展主流一般以多种方式的组合为基础，具有以下技术特征。

（1）以组合不同材料为特征的注射成型方法，如镶嵌成型、夹心成型、多材质复合成型、多色复合成型等。

（2）以组合惰性气体为特征的注射成型方法，如气体辅助注射成型、微孔泡沫塑料注射成型等。

（3）以组成化学反应过程为特征的注射成型方法，如反应注射成型、注射涂装成型等。

（4）以组合压缩或压制过程为特征的注射成型方法，如注射压缩成型、注射压制成型、表面贴合成型等。

（5）以组合混合混配为特征的注射成型方法，如直接（混配）注射成型等。

（6）以组合取向或延伸过程为特征的注射成型方法，如磁场成型、注拉吹成型、剪切场控制取向成型、推拉成型、层间正交成型等。

（7）以组合模具移动或加热等过程为特征的注射成型方法，如自切浇口成型、模具滑合成型、热流道模具成型等。

6.7 压制成型

压制法，这种方法多数用于压制热固性塑料，如酚醛塑料、氨基塑料和棉纤维塑料。压制热塑性塑料，在每次压制后，必须将热的压模冷却到内部塑料完全凝固为止，因此在一定程度上延长了压制周期，降低了生产率，除非在大型或复杂制品使用，一般很少采用。

热固性塑料的热压法压制过程如下。

（1）称料：塑料称重，总质量比实际制件质量重5%~10%，这是弥补在压制过程中不可避免产生的毛边。有时用粉状或纤维状塑料，有时则用已压制成圆片的坯料，使用压片能使塑料容积缩小。

（2）预热：将称好质量的塑料在放入压模加料室以前，先放在电热箱或高频预热器中预热一下，使塑料预先加热到80~120℃或者160~200℃。预热的优点是能缩短受压时间，提高制品的质量。预热方式有三种：①将称好的塑料直接放在压机的热板上预热，仅适用于压制移动式压模。②用电热箱预热。③用高频预热器预热，这种方法效果最好。

（3）加料：将预热好的塑料放在已热到一定温度的加料室或模腔内。

（4）闭模：塑料在热和压力的作用下，变成可塑状态，并充满压模全部型腔。

（5）放气：为排出塑料中的气体和压模成型空间的气体，须进行放气,也就是在加压后使压机改变升起动作,使凸模自压模中退出一定距离,此时气体便很容易由压模的缝隙中逸出,放气时间通常为 2～3 s。在采用湿度较高的塑料压制大型厚壁制品时,须进行两次放气,凸模再度升起。当凸模上装有压入制品内的金属嵌镶件时,不得进行放气,因为凸模自加料室中稍微退出,以及凸模与还未完全硬化的制品分离,均可引起嵌镶件的移动,而使制品与压模损坏。

(6)持续热压:将闭合的压模在一定的压力和温度下保持一个时间。开始压制时,塑料变成可塑状态,并充满压模型腔,当开始聚合时,压力逐步达到最大(根据制品外形和高度来决定,可达 100～500 kg/cm²),此时成型空间完全被充满,但制品尚未硬化,保持压力到完全硬化为止。持续热压时间按制品最大的壁厚计算。

(7)开模和制品的顶出:持续热压时间过后就可开启压模,制品借压模上的自动顶出器顶出,或用手取出,或借卸取器、拧出器及其他设备取出。

(8)清洁模型:用压缩空气及铜铲将模具型腔内所附的塑料毛边清理干净,然后方可压制下一个制品。

(9)制品的修饰及整形:从压模中取出的制品在其分模面上必然会存在毛边,因此需进一步的机械加工,使其完全符合图纸要求。一部分简易的修饰工作可由压制工直接来完成,如制品周围毛边的去除。某些制品的形状能导致其在出模后冷却过程中变形,为避免这种情况的发生,将刚出模的热制品压(或套)在与制品形状相符的涂压整形模中,这一整形工序也可由压制工来完成,其余制品外形进一步修饰抛光、钻孔、铰螺纹孔、磨平等则由修饰工来完成。

6.8 压延成型

压延成型是借助于辊筒间强大的剪切力，并配以相应的加工温度，使黏流态的物料多次受到挤压和延展作用，最终成为具有宽度和厚度的薄片制品的一种加工方法。塑料和橡胶均有压延成型工艺，塑料中以聚氯乙烯树脂为主要原料。

欧洲在18世纪就出现用两个辊筒的轧光机把织物轧去毛头和上光的设备，这种机器很简单，连轴承都没有。到了19世纪，压延法开始被用来加工纸张和金属薄片。之后，随着橡胶工业的发展，美国和德国开始使用冷硬铸铁的压延辊筒加工橡胶。最初使用的是两个辊筒的炼胶机，后来发展了3个辊筒的压延机。到1836年，美国人查非在三辊机的基础上设计出第一台四辊压延机。20世纪30年代，由于聚氯乙烯大量投产，美国和德国都曾试用加工橡胶的压延机来压延聚氯乙烯，但是鉴于这些机器受到原来设计的限制，在某些方面还不能完全符合塑料的加工要求，所以后来设计了专门压延塑料的压延机。1930年，德国人开始把纸板工业上应用的弥补辊筒弯曲变形的辊筒轴交叉法应用到塑料压延机上来。1943年，虽然压延辊筒和轴交叉的调节还处于手工操纵，但是德国人已经开始考虑压延机用直流电机和单独的齿轮箱传动了。为了避免相邻压延辊筒的横压力对薄膜厚度引起不良影响，原来直式的压延机逐渐改为L形和倒L形。近年来，随着科学技术的发展，现在的塑料压延机经过不断的改进，呈现出新的特点，朝着大型化、高速化、精密化、高自动化、机构多样化发展。

6.8.1 压延成型原理

在压延成型过程中，借助于辊筒间产生的剪切力，让物料多次受到挤压、剪切以增大可塑性，在进一步塑化的基础上延展成为薄型制品。辊筒对塑料的挤压和剪切作用改变了物料的宏观结构和分子的形态，在温度配合下使塑料塑化和延展。辊筒使料层变薄，使宽度和长度增加。压延过程中，在辊筒对物料挤压和剪切的同时，辊筒也受到来自物料的反作用力，这种力图使两辊分开的力称分离力。通常可将辊筒设计和加工成略带腰鼓形，或调整两辊筒的轴，使其交叉一定角度（轴交叉）或加预应力，就能在一定程度上克服或减轻分离力的有害作用，提高压延制品厚度的均匀性。在压延过程中，热塑性塑料由于受到很大的剪切应力作用，大分子会沿着薄膜前进方向发生定向作用，使生成的薄膜在物理机械性能上出现各向异性，这种现象称为压延效应。压延效应的强弱，受压延温度、转速、供料厚度和物理性能等的影响。升温或增加压延时间，均可减弱压延效应。

6.8.2 压延成型工艺过程

目前压延成型均以聚氯乙烯制品为主，主要有软质聚氯乙烯薄膜和硬质聚氯乙烯片材两种。此处以聚氯乙烯薄膜生产为例，来叙述一个完整的压延成型过程。聚氯乙烯薄膜的压延成型工艺是以聚氯乙烯树脂为主要原料，按薄膜制品的用途，把其他辅料（增塑剂、稳定剂及其他辅料）按配方的比例，经计量混合，加入聚氯乙烯树脂中。由高速混合机搅拌混合均匀，再经过密炼机、挤出机或开炼机混炼、预塑化，输送到压延机上压延成型。然后，通过冷却辊筒降温定型。

6.8.3 生产过程

6.8.3.1 配方原料的选择

设计产品配方时应注意以下几点：①配方设计前，要了解制品的应用条件，分清制品质量要求条目中的主次项目。②拟选用的原料要注意各原料间的相互影响和工艺操作的可行性。③注意配方中用料对工艺操作条件要求是否苛刻，那些对工艺温度变化敏感、不易与其他原料混合、容易分解的原料应尽量少用或不用。④设计的配方要经过几次反复试验，应用实践考核，修改完善之后确定一个比较理想的配方。

6.8.3.2 混合和塑炼

混合和塑炼的主要目的是保证物料分散均匀和塑化均匀。如果分散不均匀，会使树脂各部分增塑作用不等，使薄膜产生鱼眼、冷疤、柔韧性降低等缺陷；若塑化不均，则薄膜会产生斑痕、透明度差等缺陷。

配料混合体系不仅要按配方配制成干混料，并且应根据各原料性质按一定顺序投料。初混合可选用捏合机、高速混合机等，必要时进行加热或在夹套中通冷却水进行冷却。塑炼过程中的温度不能过高也不宜太低。温度太高，时间过长，增塑剂会散失，树脂也将被降解。若温度太低，会出现不黏辊和塑化不均匀等现象，也会降低薄膜的力学性能。一般软质聚氯乙烯薄膜塑炼适宜温度在 165～170 ℃。

近年来，随着混炼挤出机生产技术的不断进步，连续向压延供料的方式正在取代间歇的喂料操作。

6.8.3.3 压延

塑化后的物料利用皮带输送，经金属探测仪检测后，供料给压延机辊筒。压延工艺条件包括辊温、辊速、速比、存料量、辊距等是影响压延制品质量的关键因素，它们既互相联系又互相制约。

6.8.3.4 引离、冷却、卷取

从四辊压延机的第三和第四辊之间引离出来的压延薄膜，经过引离辊、轧花辊、冷却辊和卷取辊之后成为制品。

引离辊的速度通常比压延机主辊转速快25%～35%。另外，为了避免制品在引离时发生冷拉伸，防止增塑剂等易挥发物凝结在引离辊表面，影响产品质量，需将引离辊加热。

冷却定型装置采用一系列的冷却辊筒，一般为4～8只。冷却的目的是使制品温度下降，以便后面的卷取。

卷取过程要严格控制卷取速度，使其始终与压延速度相适应。为了保证压延顺利进行，一般控制的辊速如下：卷取速度≥冷却速度＞引离速度＞第三辊筒速度。

参考文献

曹民干，赵张勇，张亦弛，等，2005．高分子磁性材料的研究近况［J］．工程塑料应用，33（7）：64-66．

陈平，廖明义，2005．高分子合成材料学：上［M］．北京：化学工业出版社．

陈耀庭，1982．橡胶加工工艺［M］．北京：化学工业出版社．

高军刚，李源勋，2002．高分子材料［M］．北京：化学工业出版社．

黄锐，2005．塑料成型工艺学［M］．北京：中国轻工业出版社．

林师沛，2002．聚氯乙稀塑料配方设计指南［M］．北京：化学工业出版社．

王贵恒，1982．高分子材料成型加工原理［M］．北京：化学工业出版社．

王文广，2004．塑料配方设计［M］．2版．北京：化学工业出版社．

张留成，瞿雄伟，于会利，2002．高分子材料基础［M］．北京：化学工业出版社．

周达飞，2005. 高分子材料成型加工［M］. 2版. 北京：中国轻工业出版社.

周冀，2007. 高分子材料基础［M］. 北京：国防工业出版社.

后 记

当本书的最后一章完成时,我站在研究室窗前望着窗外纷扬的雪花,突然意识到自己与高分子材料结缘已30余载。从最初被尼龙纤维的分子链构象吸引,到如今见证智能高分子在生物医疗领域的突破,这个充满魔力的学科始终让我保持着初次接触时的悸动。编写这本教材的初衷,正是希望将这份对高分子科学的敬畏与热爱传递给新一代的探索者。

在成书过程中,我们始终秉持"溯源、立本"的编纂理念。溯源,是希望读者能够穿透复杂的公式图表,触摸到学科发展的历史脉络——从施陶丁格提出大分子概念的19世纪20年代,到Flory建立高分子溶液理论的黄金时代,直至今日纳米复合材料的蓬勃发展。立本,则体现在对基础理论的系统梳理,力求让抽象理论具象化。

本书能顺利出版,首先要感谢华东交通大学材料学院高分子系的老师们,他们给本书提出了许多宝贵意见;其次要感谢我的研究生团队,他们绘制的分子模型插图让高分子结构跃然纸上。

我想对翻开这本书的每位读者说,高分子科学的美妙之处在于它连接着微观世界的精妙与宏观应用的壮阔。当你用手指划过手机屏幕的聚酰亚胺薄膜时，当你在晨跑中感受弹性纤维的呼吸感时，希望你能意识到那些舞动的分子链正在与你对话。期待本书能成为你们探索材料宇宙的星图，而更璀璨的星辰正等待新一代材料人去发现。

高分子材料科学正经历着前所未有的范式变革。展望未来，本教材的出版不是终点，而是一个动态更新的起点。

窗外，雪花依旧纷飞，皑皑白雪下那些看似柔弱的植物，终将在春风中展现出惊人的韧性！

编　者

2024 年 11 月